高等职业教育课程改革系列教材

风电机组车间装配与调试

主　　编　叶云洋

副 主 编　朱　童　李书舟　张龙慧

参　　编　王　艳　李治琴　李谟发　刘宗瑶　刘万太

　　　　　张　虹　石　琼　罗胜华　胡朝宪

主　　审　王迎旭

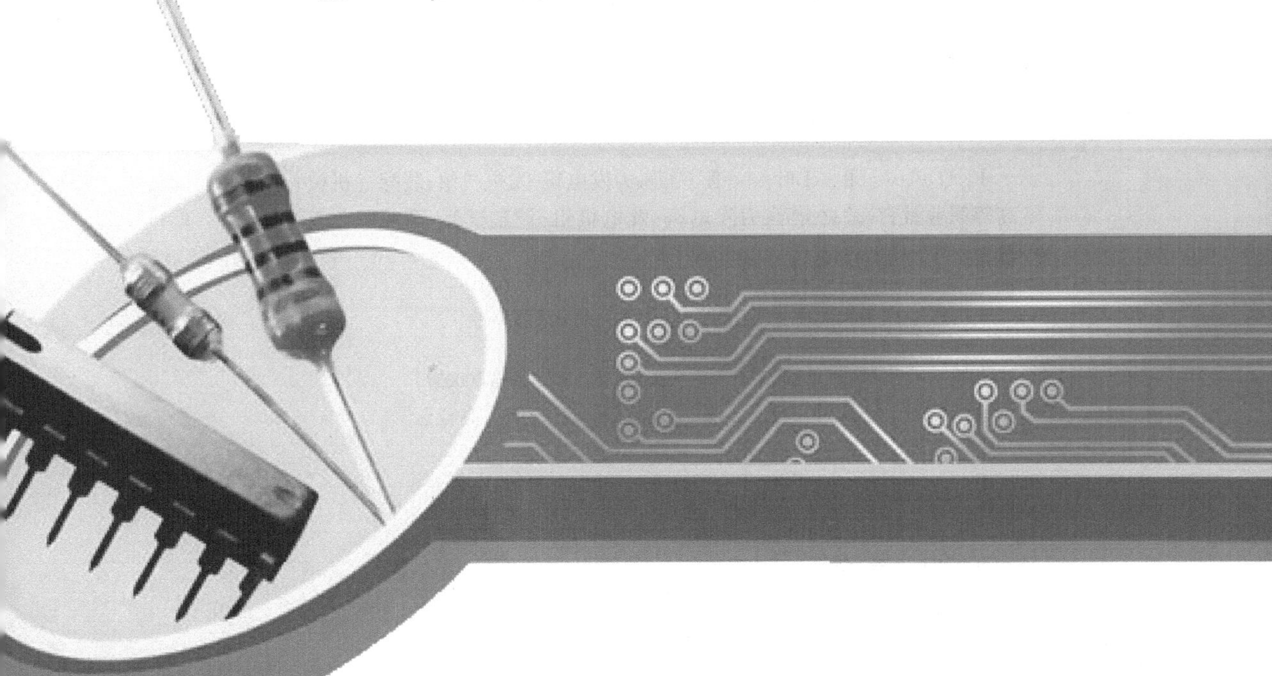

机械工业出版社

本书以某公司生产的兆瓦级直驱永磁风力发电机组为研究对象，兼顾介绍其他机型的不同之处。本书按照风力发电机组车间装配的工作岗位分为三个项目：风力发电机组的车间装配准备、风力发电机组的机械装配与检测、风力发电机组的电气安装与检测，各部分内容按照“岗位能力导向、工作任务驱动、学习实践交替”的原则组织，做到源于生产实践、基于工作任务、落到具体可操作，注重风电类专业学生实践能力的培养，使学生在“学中做”和“做中学”，提高学生学习理论知识和实践技能的兴趣，学习的过程中始终贯穿职业岗位的素质培养。

本书可作为高职高专新能源风电类专业的授课教材，也可作为风电企业技术员工的培训用书，还可供从事风电相关领域技术工作的工程技术人员参考使用。

为方便教学，本书配有电子课件、模拟试卷、习题解答等，凡选用本书作为授课教材的老师，均可免费索取。咨询电话：010-88379375。

图书在版编目（CIP）数据

风电机组车间装配与调试/叶云洋主编. —北京：机械工业出版社，2019.1（2025.6 重印）
高等职业教育课程改革系列教材
ISBN 978-7-111-61828-7

Ⅰ. ①风…　Ⅱ. ①叶…　Ⅲ. ①风力发电机-发电机组-装配（机械）-高等职业教育-教材 ②风力发电机-发电机组-调整试验-高等职业教育-教材　Ⅳ. ①TM315

中国版本图书馆 CIP 数据核字（2019）第 010227 号

机械工业出版社（北京市百万庄大街 22 号　邮政编码 100037）
策划编辑：王宗锋　责任编辑：王宗锋　王　荣　高亚云
责任校对：佟瑞鑫　封面设计：陈　沛
责任印制：李　昂
北京华宇信诺印刷有限公司印刷
2025 年 6 月第 1 版第 5 次印刷
184mm×260mm · 9.5 印张 · 234 千字
标准书号：ISBN 978-7-111-61828-7
定价：29.80 元

电话服务　　　　　　　　　　网络服务
客服电话：010-88361066　机　工　官　网：www.cmpbook.com
　　　　　010-88379833　机　工　官　博：weibo.com/cmp1952
　　　　　010-68326294　金　书　网：www.golden-book.com
封底无防伪标均为盗版　机工教育服务网：www.cmpedu.com

前　言

随着传统能源日益枯竭、气候变化形势严峻，世界各国已广泛关注新能源的开发与利用，新能源的生产规模和使用范围正不断扩大。作为衡量一个国家和地区高新技术发展水平的重要依据，新能源产业是新一轮国际竞争的战略制高点，许多国家都把发展新能源作为顺应科技潮流、推进产业结构调整的重要举措。其中，风能作为重要的资源，潜力大、技术基本成熟的可再生能源，越来越受到高度重视，许多国家把大规模开发和应用风能作为应对气候变化、改善能源结构的重要选择。

我国风能资源是十分丰富的，根据国家气象局的资料统计，我国离地 10m 高的风能资源总储量约为 32.26 亿 kW，其中，可开发和利用的陆地上风能储量有 2.53 亿 kW，50m 高度可开发和利用的陆地上风能储量比 10m 高度多一倍，为 5 亿多 kW；近海可开发和利用的风能储量有 7.5 亿 kW。同时，风力发电的技术进步和规模化发展，推动了风力发电开发成本的迅速下降，风力发电的经济性在很多地区已经与常规能源发电基本相当。我国“十一五”“十二五”“十三五”规划和一系列鼓励支持政策，促进了风力发电产业的迅猛发展，截至 2018 年 9 月，全国风电累计并网装机容量 1.76 亿 kW，每年还在以相当数量增长。

由此可见，我国风力发电产业的发展前景十分乐观，风电人才需求非常紧迫且潜力巨大。目前我国风电企业对风电人才的综合素质能力要求较高，本书就是为开设风电类专业的高等职业院校、中等职业院校在校学生学习风力发电技术知识而编写的，帮助学生提升专业综合技能和职业素养，从而为风电产业的转型升级提供人才支撑。

本书由湖南电气职业技术学院叶云洋担任主编，朱童（沈阳华纳科技有限公司）、李书舟、张龙慧任副主编，王艳、李治琴、李谟发、刘宗瑶、刘万太、张虹、石琼、罗胜华、胡朝宪参与了本书的编写。王迎旭教授对全书进行了审阅并给予了指导。另外，湘电风能有限公司王户省、何智洋等工程师为本书的编写提供了大量有关资料并给予了指导，使本书能够顺利完成，在此对他们表示衷心的感谢。

由于本书所涉及的知识面较广，编者在这一领域的知识有限，书中难免有不当和错误之处，欢迎读者批评指正。

编　者

目　　录

前　言

项目一　风力发电机组的车间装配准备 …… 1

任务一　直驱风力发电机组的结构认识 …… 1

❖ 任务要求 …… 1

❖ 任务资讯 …… 1

一、直驱风力发电机组的结构 …… 1

二、直驱风力发电机组的特点 …… 2

三、风力发电机组各部件概述 …… 2

四、直驱与双馈风力发电机组的比较 …… 9

❖ 任务实训 …… 13

❖ 任务提升与总结 …… 18

任务二　风力发电机组车间装配的认知 …… 18

❖ 任务要求 …… 18

❖ 任务资讯 …… 19

一、风力发电机组装配的概念 …… 19

二、风力发电机组车间装配的要求 …… 19

三、风力发电机组车间装配的工艺 …… 20

❖ 任务实训 …… 23

❖ 任务提升与总结 …… 29

项目二　风力发电机组的机械装配与检测 …… 30

任务一　风力发电机组轮毂的机械装配与检测 …… 30

❖ 任务要求 …… 30

❖ 任务资讯 …… 30

一、轮毂的结构 …… 30

二、轮毂装配的零部件、工具及材料 …… 31

三、轮毂总成装配工艺过程 …… 34

四、轮毂主要检查及测试项目 …… 47

❖ 任务实训 …… 48

❖ 任务提升与总结 …… 60

任务二　风力发电机组机舱的机械装配与检测 …… 60

❖ 任务要求 …… 60

❖ 任务资讯 …… 61

一、机舱的结构 …… 61

二、机舱装配的零部件、工具及材料 …… 61

三、机舱装配的工艺流程 …… 64

四、机舱主要检查及测试项目 …… 73

❖ 任务实训 …… 74
❖ 任务提升与总结 …… 92

项目三　风力发电机组的电气安装与调试 …… 93
任务一　风力发电机组变桨系统的电气安装与调试 …… 93
❖ 任务要求 …… 93
❖ 任务资讯 …… 93
一、变桨系统电气结构及原理 …… 93
二、变桨系统电气接线准备 …… 100
三、变桨系统的电气接线 …… 101
四、变桨系统电气接线检测 …… 119
❖ 任务实训 …… 119
❖ 任务提升与总结 …… 123
任务二　风力发电机组偏航系统的电气安装与调试 …… 123
❖ 任务要求 …… 123
❖ 任务资讯 …… 123
一、风力发电机组偏航系统电气结构 …… 123
二、偏航系统电气安装准备 …… 124
三、偏航系统电气安装要求 …… 125
四、偏航系统的电气接线 …… 127
五、偏航系统电气接线检测 …… 137
❖ 任务实训 …… 138
❖ 任务提升与总结 …… 139

附录　直驱永磁风力发电机组的有关定义及要求 …… 140

参考文献 …… 146

项目一　风力发电机组的车间装配准备

任务一　直驱风力发电机组的结构认识

❖ 任务要求

通过学习大型直驱风力发电机组的知识，能够描述直驱风力发电机组的结构、原理及其特点，并撰写一篇关于直驱风力发电机组的整体分析报告。

❖ 任务资讯

一、直驱风力发电机组的结构

直驱永磁风力发电机组是一种采用水平轴、三叶片、上风向、升力型、可变速、变桨距调节、直接驱动、采用永磁同步发电机发电并网的风力发电机组，以下称“直驱风力发电机组”。

如图1-1-1所示，直驱风力发电机组主要由轮毂、变桨系统、主轴承、永磁同步发电机组、测风系统、偏航系统、机舱、机舱控制柜、塔架及其他辅助部件构成。

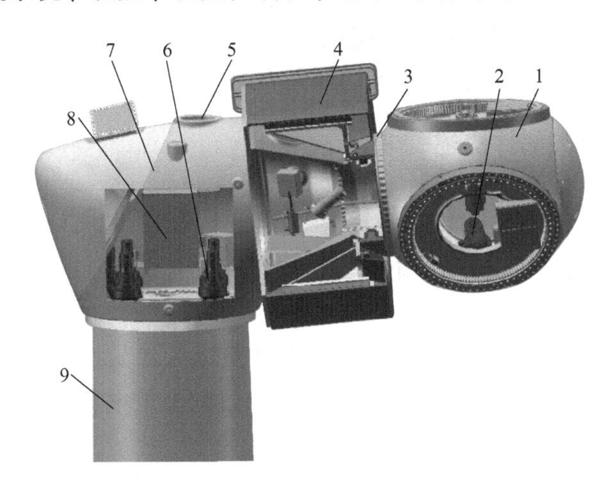

图1-1-1　大型直驱风力发电机组总体结构

1—轮毂　2—变桨系统　3—主轴承　4—永磁同步发电机组　5—测风系统　6—偏航系统　7—机舱　8—机舱控制柜　9—塔架

以某公司生产的一款2MW直驱永磁风力发电机组为例，它的三节风机塔筒离地高80m，风轮由轮毂和三片长40m的叶片组成，用60套高强度螺栓与主轴承的内圈连接，发电机转子与主轴承外圈连接，发电机锥形支撑与机舱用60套高强度螺栓连接，机舱与塔筒通过齿圈回转装置实现±2.5圈的偏航动作，保证风机风轮随时正对风向；风机的发电功率取决于风速、叶片变桨角度，在额定风速下，风机的额定发电量为2MW。

直驱永磁风力发电机没有齿轮变速箱（以下简称齿轮箱），其低风速起动性能、运行故障率、控制保护系统等均优于其他类型的风机，如双馈式风力发电机。

二、直驱风力发电机组的特点

某公司生产的2MW直驱风力发电机组整机具有如下特点：

1）采用直接驱动，无齿轮箱，提高了风力发电机组的可靠性和可利用率，降低了风力发电机组的噪声。

2）永磁发电技术及变速恒频技术的采用提高了风力发电机组的效率。

3）发电机在低转速下运行，损坏概率大大减小。

4）采用全功率变频，上网电源品质优。

5）利用变速恒频技术，可以进行无功补偿。

6）采用内正压技术，机组具有良好的防盐雾、沙尘措施，适合长期用在内陆、沙漠、滩涂、近海等工作环境。

7）发电机在电网电压变化的情况下，能够保持电压、电流的稳定，同时电动机转矩保持不变，具有扶持电网的能力。

8）变流装置采用先进技术，谐波含量低。

9）机组结构设计采用了人性化设计，方便人员检查维修。

10）机组结构简单、运行可靠、维护少、保养成本低；由于无齿轮箱，大大降低了风电场风力发电机组的运行维护成本。仅是每三年更换一次齿轮箱润滑油一项，就能节省大量费用。

11）从机舱内部直接进入轮毂进行设备维护，提高了人员的安全性。

12）减少了部件数量，使整机的生产周期大大缩短。

三、风力发电机组各部件概述

1. 叶片

风机一般有三组叶片，叶片的作用就是将空气的动能转换为叶片转动的机械能。叶片的主要特点如下：

1）采用预弯型叶片，降低了叶片在受载工况下气动效率的损失。

2）叶片配备雷电保护系统。当遭遇雷击时，通过间隙放电将叶片上的雷电经由塔筒导入地下。

3）采用镜面模具技术，改善了叶片的表面粗糙度，提高了叶片的效率。

4）叶片主梁采用抽真空成型，消除了大梁工艺制造过程中可能出现的缺陷，有效地保证了产品质量，提高了叶片的刚性。

5）叶片制造采用真空吸注工艺。

6）采用精密的定位工装，保证螺栓孔之间的位置精度。

7）叶片经过了静、动强度和刚度、频率试验和测试。

8）采用航空平衡技术，每组叶片的质量互差控制在0.1%以下，重心互差在10mm以内，使风轮在转动时的不平衡度达到最小。

2. 轮毂总成

直驱风机轮毂系统主要由变桨电动机、变桨控制柜、集电环、叶片法兰、锁紧、润滑系统等组成，每个叶片有一套独立的变桨机构，主动对叶片进行调节。直驱风机轮毂系统主要有如下特点：

1）风机采用独立变桨设计，变桨系统由变桨装置、变桨轴承组成。每套变桨装置由带正温度系数（Positive Temperature Coefficient，PTC）热敏电阻保护和计数装置的直流伺服电动机、行星减速器、齿轮润滑系统等组成。

2）风机维护时，能够完全制动轮毂。轮毂内有足够的空间供人员进行检修和维护。

3）行星减速器为3级行星减速结构，其作用是将变桨电动机传递过来的转矩增大，然后带动叶片改变叶片的桨距角。

4）变桨电动机通过变桨轴承为变桨装置提供转矩，变桨装置把转矩增大约200倍后，通过行星减速器的输出小齿轮（小齿轮与变桨轴承的内齿圈相啮合），力矩传递到变桨轴承上面，使变桨轴承旋转，改变叶片的迎风角度。

5）变桨轴承采用双排四点接触球轴承，带一定的阻尼力矩，内圈与叶片连接，带动叶片转动。

6）变桨装置整流器带动伺服电动机提供动力，用于变桨控制和正常停机。正常变桨时由电网直接供电；当紧急停机时，变桨驱动装置直接通过蓄电池带动伺服电动机提供动力，通过速度和角度传感器所接收的信息传递给可编程序控制器（PLC）处理后反馈给伺服电动机，从而达到变桨的自动控制。

3. 发电机总成

发电机为多极永磁同步发电机，通过主轴承与轮毂连接。永磁同步发电机与外励磁发电机比较，损耗可降低25%。

1）如图1-1-2所示，发电机总成主要由定子、转子、锥形支撑、主轴承、转子制动器、润滑系统及附件等部件组成。

2）采用多极永磁同步发电机，与轮毂直接连接。

3）发电机位于机舱与轮毂之间，它除了作为能量转换部件之外，还是结构上的主要支承部件。

4）发电机通有经过滤的干燥循环空气，保证了发电机内的温度均匀，同时保证了发电机的内部为正压，因此灰尘和盐雾不可能进入到发电机内。

5）采用永磁发电机，无需励磁系统，可靠性高。

6）发电机采用单轴承支承结构，结构简单，进入方式最为方便。

7）发电机出厂前试验，确保风机运行可靠。

8）永磁同步发电机转速低、损耗低。

9）磁铁提供转子励磁，不需要外励磁场，与带外励磁场的绕线转子比，发电机损耗可显著降低。

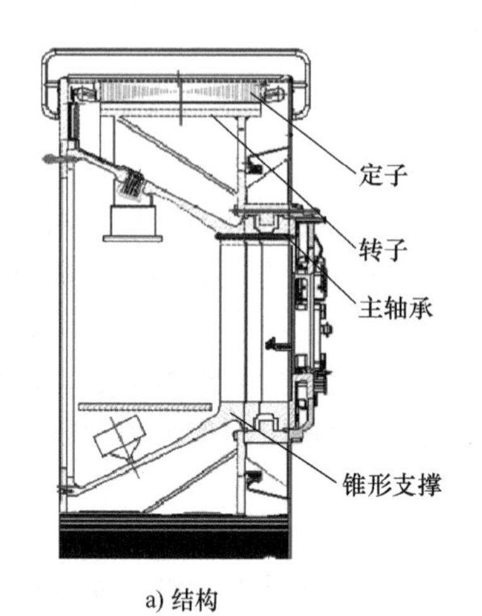

a) 结构

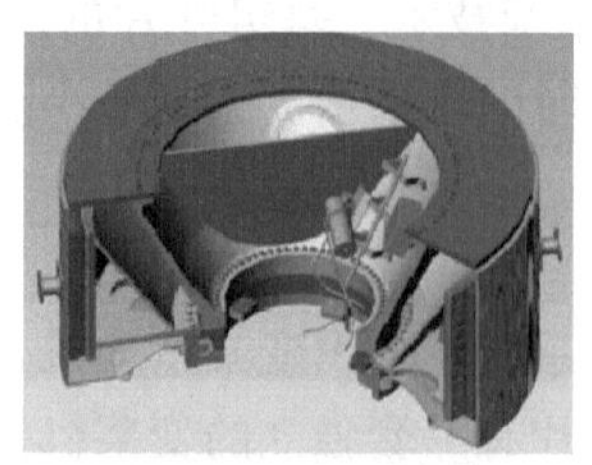
b) 内部剖面

c) 外部整体

图 1-1-2　永磁发电机

10）定子绕组真空压力浸漆（VPI），采用 F 级以上的绝缘结构，使用寿命 20 年以上。

11）采用了永磁体安装结构设计及装拆的专用工艺，在短路情况下不会造成永磁体永久退磁。

12）发电机采用自然冷却，其散热能力随风速的提高而提高，这点与风机的功率随风速增大正好匹配。以某公司一款 2MW 永磁同步发电机为例，发电机的主要参数如下：

发电机的质量为 66t，外形尺寸为 ϕ4. 5m×2. 0m。

发电机技术参数如下：

额定功率：2680W；

额定电压：690V，三相不平衡度≤5%；

额定功率时的效率：不低于 94%；

功率因数：0. 3；

防护等级：IP54；

绝缘等级（定、转子）：不低于 F 级。

13）发电机包装、标志符合以下特点：铭牌上的数据刻划方法保证在整个使用期内不易磨灭；铭牌固定在发电机内部，标明的项目包括但不限于制造厂名、发电机名称、发电机型号、外壳防护等级、额定功率、额定频率、额定转速、额定电压、额定功率因数、效率、绝缘等级、接线方法、制造厂出品年月和编号、质量。

4. 主轴承

图 1-1-3 所示为某公司生产的直驱风力发电机组主轴承，主要由主轴承（三列圆柱滚子轴承）、制动环、制动单元、制动盘加工件、制动管路、液压锁紧销和主轴承连接螺栓组等组成。

1）主轴承为特殊设计的大直径三列圆柱滚子轴承，连接带叶片的轮毂和发电机的转子，同时承载带有风轮叶片的轮毂和发电机转子。

2）非转动内环与发电机定子相连，转动外环安装在轮毂和发电机转子之间。

3）主轴承可承受轴向、径向负荷以及弯矩，能够承受空气动力载荷以及发电机转子本身的重量。

4）主轴承配有一个全自动化的润滑系统。

图 1-1-3　主轴承

5. 机舱总成

直驱风力发电机组采用主动对风齿轮驱动形式，与控制系统相配合实现对风。图 1-1-4 所示为某公司生产的直驱风力发电机组机舱总成外形，整个机舱总成由机舱铸件、偏航系统、液压系统、润滑系统、通风系统、测风系统、控制系统、安全系统以及其他附件组成。偏航电机、偏航减速器构成偏航驱动，驱动机舱、风轮、发电机，使风轮始终处于迎风状态，充分利用风能，提高发电效率。其特点如下：

1）发电机和塔架通过法兰面与机舱连接。偏航制动采用液压控制摩擦片制动，提供必要的锁紧力矩，以保障机组安全运行。

2）采用优化设计的偏航控制系统，对偏航的路径选择进行智能判断，机组在风速较小的状态下，自行解缆，避免了高风速段偏航解缆造成的发电量损失。

3）采用主动偏航对风形式，使机组的风轮始终处于迎风状态，更好地吸收风能，发挥机组的发电效率。

4）机舱有安全的工作区域，保证接近传动部件的维护人员的安全。设有人员安全绳索的系着点，包括进入机舱、顶部的安全绳索的系着点，机舱可以安全进入。

5）机舱内装有照明灯，为功能性试验、维护和维修提供足够照明。

6）机舱内部配有提升装置，能满足工具、配品配件、材料等的吊装。

7）偏航轴承：如图 1-1-5 所示为直驱风力发电机组偏航驱动，采用四点接触球轴承，以增加整机的运转平稳性，增强抗冲击载荷能力。风机机舱通过偏航轴承可以在 360°范围内转动，跟踪风向。偏航轴承采用内齿圈结构。

8）偏航制动器：如图 1-1-6 所示为直驱风力发电机组偏航制动器，一般采用 16 台制动器，安装在机舱内部。偏航制动时，由液压系统提供 19 ~ 21MPa 的压力，使制动片紧压在偏航轴承内圈上，提供制动力。偏航时保持 1.8MPa 的余压，产生一定的阻尼力矩，使偏航运动更加平稳，减小机组振动。

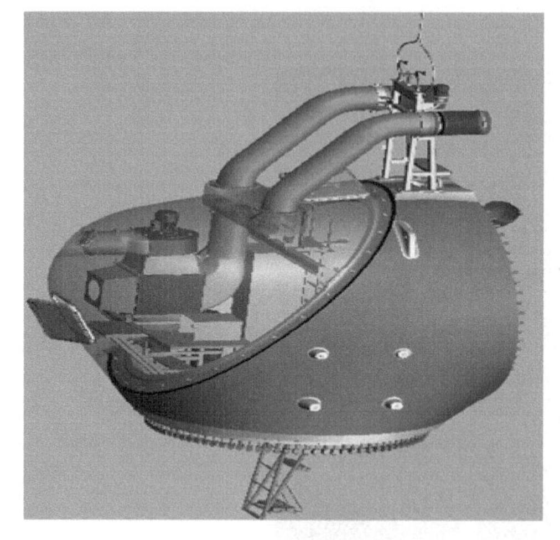

图 1-1-4　机舱总成外形

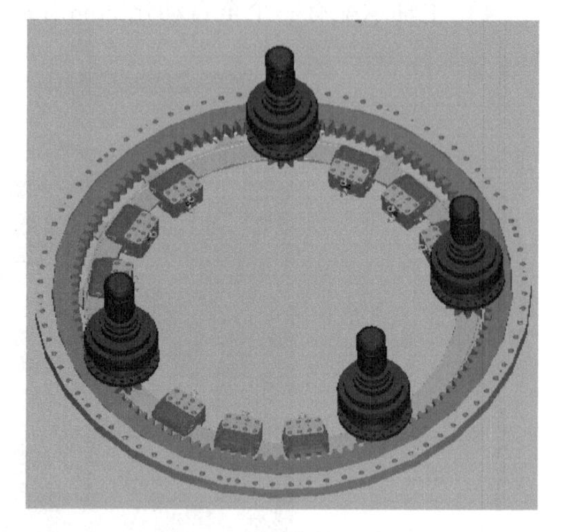

图 1-1-5　偏航驱动

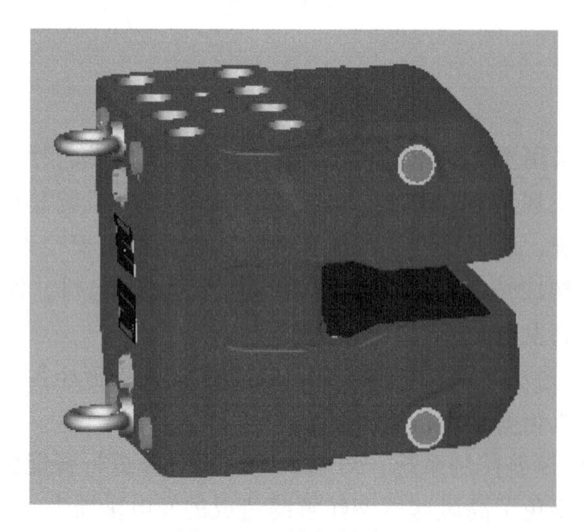

图 1-1-6　偏航制动器

6. 液压系统

1）如图 1-1-7 所示为直驱风力发电机组液压系统，其主要由液压站、电磁阀、蓄能器、连接管路线等组成，为偏航制动系统及转子制动系统提供动力源。

2）偏航控制回路：通过提供工作压力和释放压力控制偏航制动器的制动和释放。在偏航对风、解缆、侧风偏航时，液压系统需要将制动器处于释放的同时保证制动器内留有较小的制动压力存在，以便偏航系统在较小阻力下工作，保证机组偏航时整机平稳无冲击。

3）转子制动控制回路：通过提供工作压力和释放压力控制转子制动器的制动与释放。

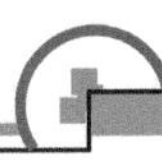

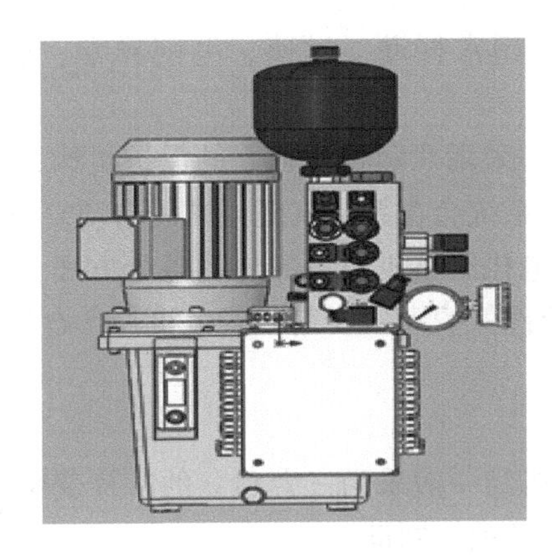

图 1-1-7　液压系统

7. 测风系统

如图 1-1-8 所示为直驱风力发电机组的测风系统，它放置在机舱外侧，其顶部有两个互相独立的传感器——风速计和风向标。风向标的信号反映出风机与主风向之间有偏离，当风向持续发生变化时（偏向≥15°，持续 3min），控制器根据风向标传递的信号控制偏航驱动装置转动机舱对准主风向，偏离主风向的误差在 ±2°内。

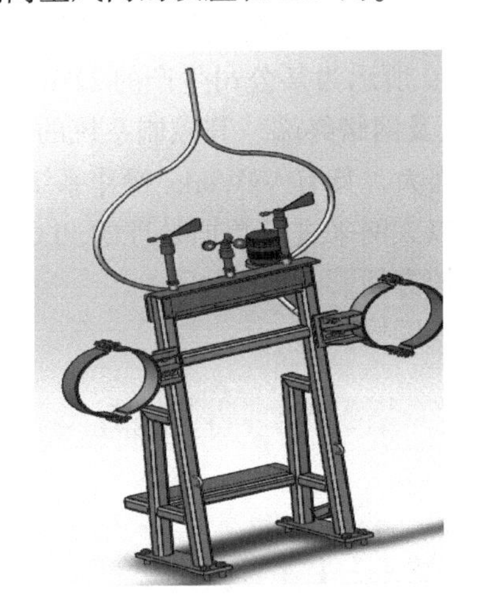

图 1-1-8　测风系统

8. 安全系统

1）安全系统包括电缆解缆装置，当偏航始终朝一个方向转动大于 2.5 圈时，控制系统给出解缆命令，自动解缆。

2）安全系统还包括偏航锁紧装置，当风机停机检修的时候，需要确保锁紧装置处在锁紧状态，而当检修人员离开机舱的时候，确保锁紧装置处于非锁紧状态。

3）风力发电机组是全天候自动运行的设备，整个运行过程都处于严密控制之中。其安全保护系统分三层结构：计算机系统、独立于计算机的安全链、器件本身的保护措施。

4）安全系统在机组发生超常振动、过速、电网异常、出现极限风速等故障时保护机组。

5）对于电流、功率保护，采用两套相互独立的保护机构，诸如电网电压过高、风速过大等不正常状态出现后，电控系统会在系统恢复正常后自动复位，机组重新起动。

6）微机保护涉及风力发电机组整机及零部件的各个方面，紧急停机链保护用于整机严重故障及人为需要时，个体硬件保护则主要用于发电机和各电气负载的保护。

9. 制动系统

1）兆瓦级直驱风力发电机组一般采用三套独立的叶片变桨系统，能够在一套变桨系统出现故障不能顺桨的情况下实现独立制动。

2）转子制动系统安装在主轴承上，主要用于将机组保持在停机位置。

10. 控制系统

（1）控制系统的主要功能　自动及手动起停风机；变桨控制；偏航控制（能够根据风向变化随时调整机舱使风轮对准风向、偏航制动、72°偏航限位、自动解缆）；风速和风向监视；风机保护；紧急保护；多种监视功能（风速、风向、发电机定子温度、轴承温度、电池电压等）；辅助功能（注脂泵、伺服制动、基脚锁定、风冷、升降机等）；备用蓄电池紧急防护（脱离于控制系统运行，用来对风机进行安全操作）。

（2）控制系统特点　图1-1-9所示为某公司生产的2MW直驱风力发电机组塔基控制柜，控制系统采用的是集成PLC模块及网络终端。其控制系统的特点如下：

1）稳定性：PLC系统性能强大，具有VxWorks操作系统。

2）网络连接：具有用标准以太网来进行数据处理的PLC系统。

3）精炼性：操作简单，维护方便。

4）性价比高：采用小型触摸屏操作。

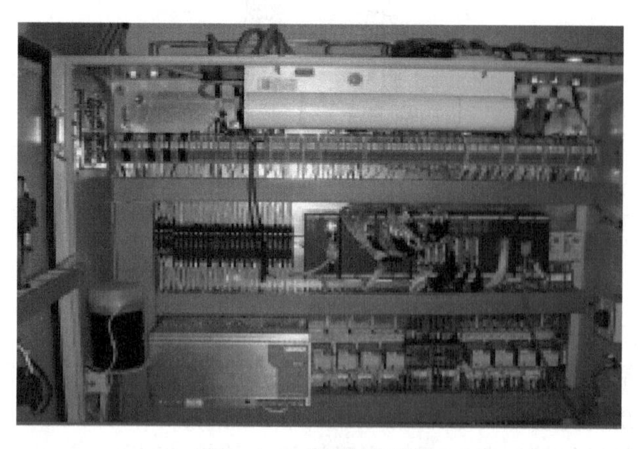

图1-1-9　塔基控制柜

11. 防雷保护系统

风机都有可靠的防雷电保护措施，最大限度减少雷电的侵害以充分保护整套风力发电机

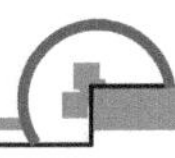

组。以某公司生产的2MW直驱风力发电机组为例，机组的防雷保护系统主要由雷电电磁脉冲防护系统和直击雷防护系统组成。雷电电磁脉冲防护系统主要包括控制系统的防护；直击雷防护系统主要包括风塔、叶片及接地系统的防护。从构筑物的角度进行考虑，风机可以按照危险程度划分雷电防护区（Lightning Protection Zone，LPZ），按照这种分区方式可以确定风塔的不同位置需要采取什么样的防护措施。处于LPZ0的部分包括叶片、风速仪，处于LPZ1的部分包括风机（机舱）罩、塔桶内电缆，处于LPZ2的部分包括变桨柜、控制柜等。防雷分区详细说明见表1-1-1～表1-1-3。

表1-1-1　LPZ0防雷分区

LPZ0	说　明
风轮突出部分	叶片、风速仪等
风机周围的土坡	周边突出的部分

表1-1-2　LPZ1防雷分区

LPZ1	说　明
风轮内部	防雷导体
气象站	避雷针，钢结构与机舱相连，导体与机舱接地排连接
轮毂内部	全金属结构，与机舱接地排连接
机舱及尾舱内部	全金属结构
塔筒内部	全金属结构，连接到基础接地电极，内部分段使用电缆连接
变压器	屏蔽电缆，连接到变压器接地电极
从风机塔筒到变压器的电缆	屏蔽电缆，屏蔽电缆的两端分别与塔基和变压器的接地排连接

表1-1-3　LPZ2防雷分区

LPZ2	说　明
在下面设备内的所有电气轮毂控制柜，包括变桨电动机、电缆和传感器；机舱控制柜，包括偏航电机、电缆和传感器、主风电控制系统、变频器	屏蔽测量，金属套，铠装电缆以及过电压保护

所有大的金属部件直接焊接到接地排上或者直接与塔筒、机舱、轮毂连接。塔筒内部各节法兰盘使用50mm^{2}的铜导线连接。风机在不同金属裸露部分设计了等电位排，以保证各部件的电位差最小。接地电阻的允许值应不大于4Ω。

四、直驱与双馈风力发电机组的比较

1. 两种机型结构上的比较

如图1-1-10所示为双馈风力发电机组结构，其主要由叶片、轮毂、主轴承、主轴、齿轮箱、高速轴及制动器、双馈发电机、偏航系统、机舱底盘、润滑系统、舱内维修平台、舱内控制柜、通风系统等组成。该机组通过风力推动风轮旋转，再通过传动系统增速来达到发电机的转速以驱动发电机发电，有效地将风能转化成电能。

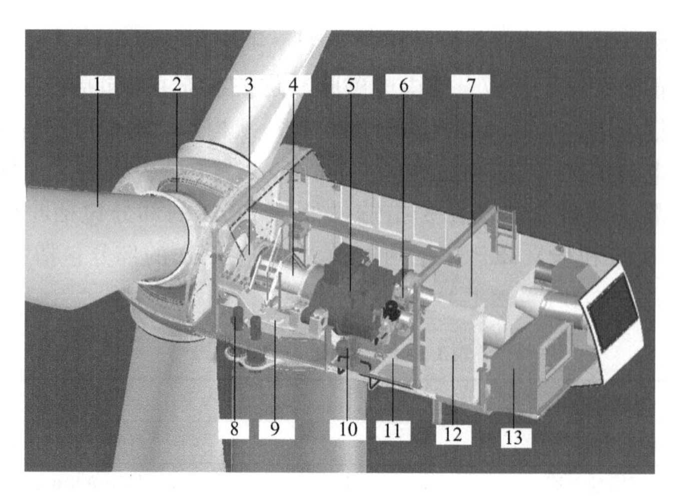

图 1-1-10　双馈风力发电机组的结构

1—叶片　2—轮毂（含变桨系统）　3—主轴承　4—主轴　5—齿轮箱
6—高速轴及制动器　7—双馈发电机　8—偏航系统　9—机舱底盘　10—润滑系统
11—舱内维修平台　12—舱内控制柜（主控制系统位于塔底）　13—通风系统

1）叶片：叶片是吸收风能的单元，用于将空气的动能转换为风轮转动的机械能。风轮的转动是风作用在叶片上产生的升力导致。每个叶片有一套独立的变桨机构，主动对叶片进行调节。叶片配备雷电保护系统。风机维护时，风轮可通过锁定销进行锁定。

2）轮毂（含变桨系统）：轮毂的作用是将叶片固定在一起，并且承受叶片上传递的各种载荷，然后传递到发电机转动轴上。轮毂结构是 3 个放射形喇叭口拟合在一起的。变桨系统通过改变叶片的桨距角，使叶片在不同风速时处于最佳的吸收风能的状态，当风速超过切出风速时，使叶片顺桨制动。

3）主轴承：主轴传动系统轴承是球面滚子轴承，能自动调心，可以承受较大的对中误差。

4）主轴：低速轴，风机的低速轴将转子轴心与齿轮箱连接在一起。在现代兆瓦级风力发电机组上，转子转速为 19～30r/min。

5）齿轮箱：其作用是将风机转子上的较低转速、较高转矩转换为用于发电机上的较高转速、较低转矩。风机上的齿轮箱通常在转子及发电机转速之间具有单一的齿轮比。兆瓦级风力发电机组的齿轮比在 100 左右。

6）高速轴及制动器：高速轴以 1500r/min 转速运转，并驱动发电机。它装备有紧急制动器，用于空气动力闸失效时或风力发电机被维修时。

7）发电机：发电机是将风轮转动的机械动能转换为电能的部件。机组采用三相双馈异步发电机（也称为感应发电机或异步发电机）。其转子与变频器连接，可向转子回路提供可调频率的电压，输出转速可以在同步转速 ±30% 范围内调节。

8）偏航系统：偏航系统采用主动对风齿轮驱动形式，与控制系统相配合，使叶轮始终处于迎风状态，充分利用风能，提高发电效率。同时提供必要的锁紧力矩，以保障机组安全运行。

9）机舱底盘：底盘总成主要由底座、下平台总成、内平台总成、机舱梯子等组成。通过偏航轴承与塔架相连，并通过偏航系统带动机舱总成、发电机总成、变桨系统总成。

10）润滑系统：润滑系统向各个润滑点泵注是通过润滑泵提供泵压给各个分配器而实现的，自制控制器按预先设置的时间周期自动起动或停止润滑泵的动作。

通过以上分析可知，直驱永磁风力发电机（也叫无齿轮风力发电机）与异步双馈风力发电机组在结构上的主要区别是有无齿轮箱的使用。由于齿轮箱目前在兆瓦级风力发电机组中属易过载和过早损坏率较高的部件，因此，没有齿轮箱的直驱永磁风力发电机具备低风速时高效率、低噪声、高寿命、减小机组体积、降低运行维护成本等诸多优点。两种机型的结构细节比较见表 1-1-4。

表 1-1-4　两种机型结构比较

明　　细	异步双馈风力发电机	直驱永磁风力发电机
驱动链结构	有齿轮箱，维护成本高	无齿轮箱或低传动比（半直驱）
电机种类	电励磁	永磁（需考虑永磁体退磁问题）
电机尺寸、重量、造价	小，轻，低	大，重，高
电机电缆的电磁释放	有释放，需要屏蔽线	无释放
电机集电环	半年更换电刷，2 年更换集电环	无电刷，无集电环
变流单元	IGBT，单管额定电流小，技术难度大	IGBT，单管额定电流大，技术难度小
变流容量	全功率的 1/4	全功率逆变
变流系统稳定性	中	高
塔内电缆工作电流类型	高频非正弦波，谐波分量较大，必须使用屏蔽电缆	正弦波
电控系统体积、价格、维护成本	中、中、高	大、高、低
电控系统平均效率	中	高

2. 两种机型工作原理的比较

（1）直驱永磁风力发电机组的工作原理　图 1-1-11 所示是直驱永磁风力发电机组工作示意图，由于永磁同步发电机转子上使用永磁材料励磁，没有励磁绕组，省去了励磁绕组的铜损耗；同时，发电机和风机通过轴系直接耦合在轮毂上，由风轮直接驱动发电，不需要齿轮箱等中间传动部件。永磁同步发电机经背靠背式全功率变频器系统与电网相连，通过变频器控制系统的作用，来实现风力发电机组的变速运行。

（2）双馈异步风力发电机组的工作原理　图 1-1-12 所示是双馈异步风力发电机组工作示意图。双馈风力发电机组采用双馈发电机，转子采用双向四象限运行变流器并网的一种变速恒频机组。交流励磁变速恒频双馈发电系统优点如下：

1）在原动机变速运行场合中，实现高效、优质发电。双馈异步发电机可通过调节转子励磁电流的幅值、频率与相位，在原动机速度变化时也可保证发出恒定频率的电能，从而提高了机组的运行效率，延长了机组的使用寿命。

2）允许原动机在一定范围内变速运行，可以在同步速 ±30% 转速范围内运行；简化了调整装置，减少了调速时的机械应力；同时使机组控制更加灵活、方便，提高了机组运行效率。

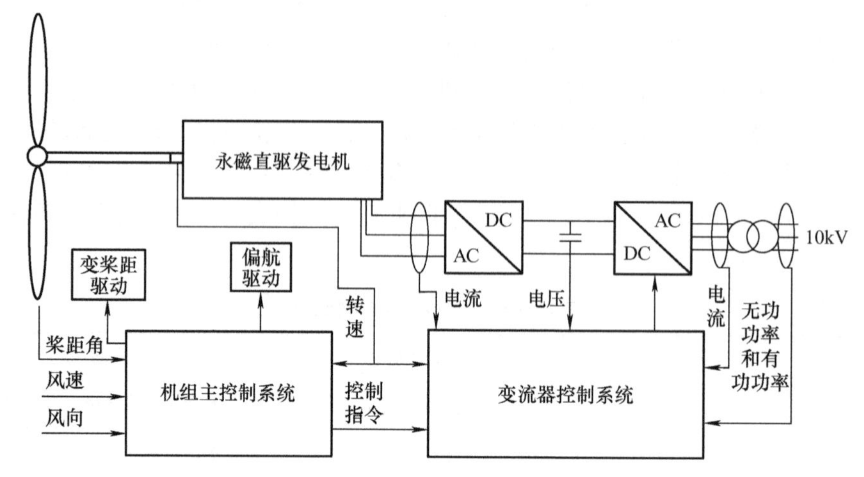

图 1-1-11 直驱永磁风力发电机组工作示意图

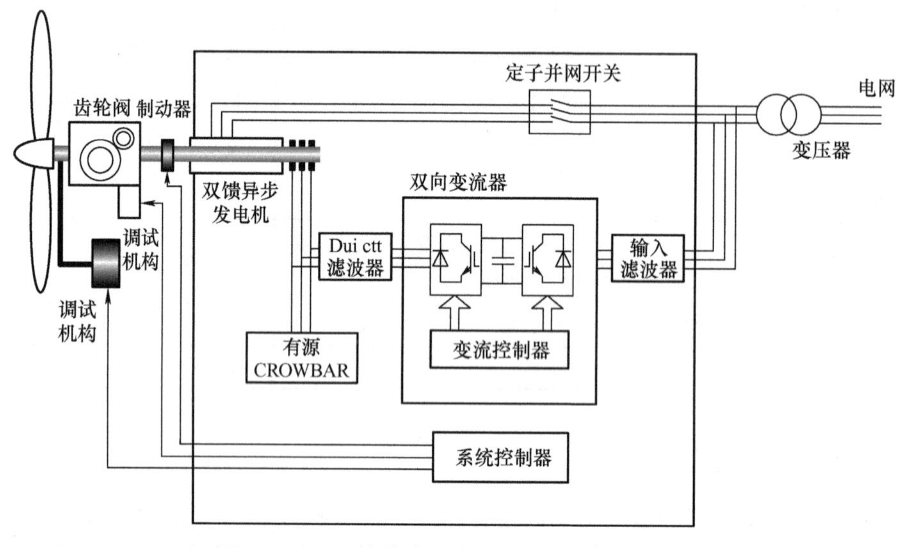

图 1-1-12 双馈异步风力发电机组工作示意图

3）调节励磁电流幅值，可调节发出的有功功率；调节励磁电流相位，可调节发出的无功功率；实现有功功率和无功功率的独立调节，达到改变功率角使发电机稳定运行的目的。所以可通过交流励磁使发电机吸收更多无功功率，参与电网的无功功率调节，解决电网电压升高的弊病，从而提高电网运行效率、电能质量与稳定性。

4）双馈异步发电机通过对转子实施交流励磁，精确地调节发电机定子输出电压，使其满足并网要求，实现安全快速的“柔性”并网操作。

5）需要变频控制的功率仅是电机额定容量的一部分，使变频装置体积减小，成本降低，投资减少。

3. 两种机型变频器的比较

（1）直驱永磁风力发电机组变频器　直驱永磁风力发电系统是采用永磁同步发电机无

齿轮箱直接驱动型的风电系统。兆瓦级风力发电用功率变频器是由两个结构完全相同的三相PWM整流器和逆变器，通过直流母线以背靠背形式组成的大容量全功率的交直交电压型双向变流器。在风力发电机组额定功率以内，控制器实现最大功率点跟踪，尽量利用风能，而当风速超过额定风速时，为使发电机组和变频器不至于过载运行，此时应减小叶尖速比值，使风力发电系统运行于恒功率区域。永磁直驱双PWM四象限运行全功率的风电变频器是目前变速恒频风力发电变频器的一个代表方向，也是未来风电发展的趋势。

（2）双馈异步风力发电机组变频器　双馈发电机在结构上与绕线转子异步电机相似，即定子、转子均为三相对称绕组，转子绕组电流由集电环导入，发电机的定子接入电网；而电网通过四象限交直交变频器向发电机的转子供电，提供交流励磁电流。因此通过变频器的功率仅为发电机的转差功率，功率变频器将转差功率回馈到转子或者电网，双馈发电机的交直交功率变频器由于只通过转差功率，因此其容量仅为发电机额定容量的1/3～1/2，因此大大降低了功率变频器的造价，网侧和直流侧的滤波电感、支撑电容都相应缩小，电磁干扰也大大降低，也可方便地实现无功功率控制。

4. 两种机型性能的比较

以下通过分析几项性能来比较两者的优劣势：

1）电网兼容性：直驱永磁风力发电机组电网兼容性更强，直驱永磁风力发电机组具备较强电容补偿、低电压穿越能力，对电网冲击小。

2）维护成本：直驱永磁风力发电机组维护成本更低，因为它省去了齿轮箱的维修费用。

3）空气动力学性能：直驱永磁风力发电机组受风速限制较小，通过电磁感应原理发电，在额定的低转速下输出功率较大、效率较高。

4）噪声：直驱永磁风力发电机组噪声更低，因为它省去了齿轮箱。

5）效率：直驱永磁风力发电机组效率更高，发电效率平均提高5%～10%；双馈异步风力发电机组支持齿轮箱工作，本身也耗电。

6）运输难度：直驱永磁风力发电机组运输难度更大，因为它体积较大。

7）电控要求：直驱永磁风力发电机组电控要求更高，因为它省去了齿轮箱，全功率逆变。

8）改进空间：直驱永磁风力发电机组改进空间更大，直驱永磁风力发电机组技术较新，电子化程度更高。相较于双馈异步风力发电机组，直驱永磁风力发电机组更能适应低风速场合，且能耗较少、后续维护成本低。此外，直驱永磁风力发电机组的应用对于我国具有更加重要的意义，我国低风速的三类风区占到全部风能资源的50%左右，更适合使用直驱永磁风力发电机组。

❖　任务实训

一、实训目的

1）掌握直驱风力发电机组的结构及原理。

2）掌握直驱风力发电机组底座部件、塔筒、机舱、发电机、风轮等结构。

二、实训内容

1）风力发电机组安装与调试设备（兆瓦级风力发电机组模型）整机结构的认识。
2）风力发电机组安装与调试设备底座部件的认识。
3）风力发电机组安装与调试设备塔筒的认识。
4）风力发电机组安装与调试设备机舱的认识。
5）风力发电机组安装与调试设备发电机的认识。
6）风力发电机组安装与调试设备风轮的认识。

三、实训器材

图 1-1-13 所示为本实训所用的风力发电机组安装与调试设备，其主要参数如下：
1）设备电源：单相三线制 AC 220V ×（1 ±10%），50Hz。
2）最大输出总功率：4kV · A。
3）外形尺寸：长 5m × 宽 5m × 高 3. 5m。
4）安全保护措施：具有过电压、过载、漏电等保护措施，符合国家相关标准。

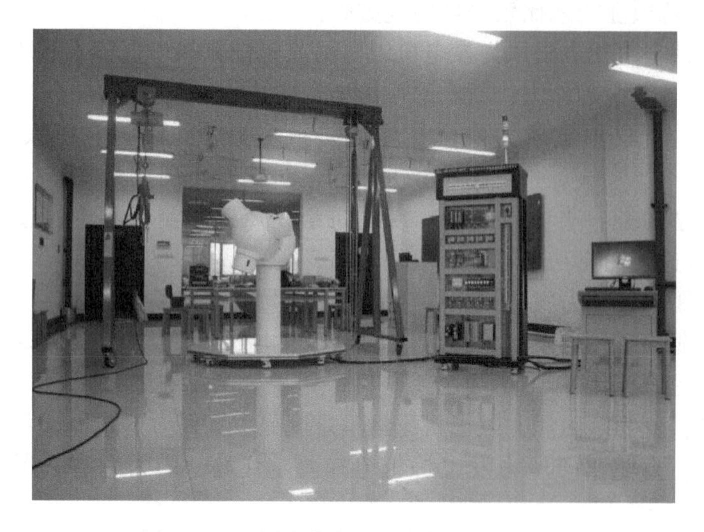

图 1-1-13　风力发电机组安装与调试设备

四、实训步骤

1. 风力发电机组设备整机的认识

图 1-1-14 所示为风力发电机组安装与调试设备（兆瓦级风力发电机组模型）机械部分示意图，其结构包括风轮部分、发电机部件、机舱部件、塔筒部件、底座部件、吊车及安装工具，主要由永磁发电机、风机逆变器、风机整流器、变桨电动机、变桨驱动器、变桨轴承、轮毂、导流罩、变桨电器柜、偏航轴承、偏航电动机、偏航电动机控制器、机舱罩、编码器、塔筒、制动器、制动盘、主轴、辅材及其他装配零件等组成。

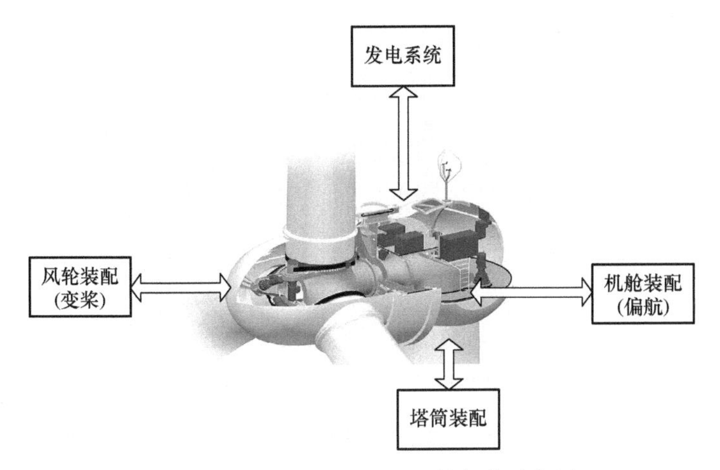

图 1-1-14　风力发电机组机械部分示意图

2. 底座部件的认识

图 1-1-15 所示为风力发电机组安装与调试设备底座部件，脚轮坐落于平整地面上，承受机组载荷，防止机组倾倒。

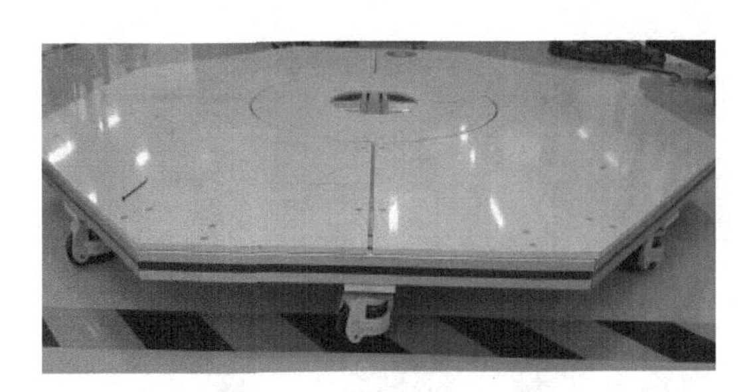

图 1-1-15　底座部件示意图

为了让风轮在地面上较高的风速带中运行，需要用塔基把风轮支撑起来。这时，塔架承受两个载荷：一个是风力发电机重力，向下压在塔架上；一个是阻力，使塔架向风的下游方向弯曲。塔架所用材料是木杆或铁管，也可以采用钢材做成的桁架结构。小型风力发电机百瓦级的大多采用空心、立柱拉索式，千瓦级的采用空心立柱式，也有的采用桁架式。不论选择什么样的塔架，目的是使风轮获得较大风速，同时还必须考虑成本。引起塔架破坏的载荷主要是风力发电机的重力和塔架所受到的阻力，因此，要根据实际情况来确定塔架结构。

3. 塔筒部件的认识

图 1-1-16 所示为风力发电机组安装与调试设备塔筒部件，分为下塔筒、中塔筒和上塔筒。其作用是支撑风力发电机组上部件，使风轮达到机组设计高度，并保护从机舱中接出的电缆及电器元件。

4. 机舱部件的认识

图 1-1-17 所示为风力发电机组安装与调试设备机舱部件，它是水平轴风力发电机组不可缺少的组成部分，其结构主要由偏航轴承、偏航电动机、偏航电动机控制器、机舱罩、编

图 1-1-16　塔筒部件示意图

码器、塔筒、制动器、制动盘、主轴、辅材及其他装配零件组成，具体见表 1-1-5。其主要作用有两个：

1）与风力发电机组的控制系统相配合，使风力发电机组的风轮始终处于迎风状态，充分利用风能，提高风力发电机组的发电效率。

2）提供必要的锁紧力矩，以保障风力发电机组的正常运行。

图 1-1-17　机舱部件示意图

表 1-1-5　机舱部件列表

序　号	名　称	单　位	数　量
1	机舱	台	1
2	偏航轴承	个	2
3	偏航电动机	台	2
4	偏航电动机控制器	套	1
5	机舱罩	个	4
6	编码器	套	1
7	塔筒	个	4
8	制动器	个	1
9	制动盘	个	1
10	主轴	套	1
11	辅材及其他装配零件	套	1

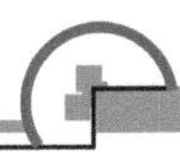

5. 风轮部件的认识

图 1-1-18 所示为风力发电机组安装与调试设备风轮部件，风轮部件的主要作用是将风能转换为机械能，它主要由轮毂和叶片（大部分为 2 ~ 3 个叶片）组成，风轮的叶片采用玻璃纤维材料，风力发电机的叶片都装在轮毂上。轮毂是风轮的枢纽，也是叶片根部与主轴的连接件，所有从叶片传来的力，都将会通过轮毂传递到传动系统，再传递到风机驱动的对象，同时轮毂也是控制叶片桨距（使叶片做俯仰转动）的部件。

图 1-1-18　风轮部件示意图

轮毂要有足够的强度，并力求结构简单，其结构主要由轮毂铸件、变桨轴承、变桨电动机、编码器、限位开关、变桨限位挡块、变桨控制柜、导流罩、导流罩前盖、导流罩前支架和后支架组成，具体见表 1-1-6。

表 1-1-6　风轮主要部件列表

序　号	名　称	单　位	数　量
1	轮毂铸件	套	1
2	变桨轴承	台	3
3	变桨电动机	台	3
4	编码器	套	3
5	限位开关	个	3
6	变桨限位挡块	个	3
7	变桨控制柜	个	3
8	导流罩	个	1
9	导流罩前盖	个	1
10	导流罩前支架	个	1
11	导流罩后支架	个	1

6. 发电机部件的认识

图1-1-19所示为风力发电机组安装与调试设备发电机部件。风力发电机大部分是三相交流发电机，由于产生磁场的形式不同，三相交流发电机分为永磁式和励磁式，它们所产生的三相交流电都要通过变频器输出固定频率的交流电。交流发电机与直流发电机相比，具有体积小、重量轻、结构简单、低速发电性能好等优点，尤其是对周围无线电设备的干扰要比直流发电机小得多，因此适合大型风力发电机组使用。

图1-1-19　发电机部件示意图

❖ 任务提升与总结

1. 任务提升

1）通过本任务的学习及查阅相关技术资料，比较2MW直驱永磁风力发电机组与2MW双馈异步风力发电机组结构的异同，并说明这两种机型各自的优点。

2）通过任务实训，比较大型直驱永磁风力发电机组与风力发电机组安装与调试设备（兆瓦级风力发电机组模型）在结构上的差别。

2. 任务总结

1）学生按小组分工撰写并汇报直驱风力发电机组结构及其特点（Word报告书或汇报PPT）。

2）小组讨论，自我评述任务实训过程中遇到的问题及完成情况，小组共同给出改进方案和提升效率的建议。

任务二　风力发电机组车间装配的认知

❖ 任务要求

现有一本兆瓦级直驱风力发电机组车间装配说明书，要求通过查阅资料并相互讨论，能够描述风力发电机组车间装配的要求及各环节应注意的事项。

❖ 任务资讯

一、风力发电机组装配的概念

1. 装配

风力发电机组和任何其他机器一样，都是由若干零件和部件总成组成的，部件总成和许多零件按照规定的技术要求，依一定的顺序和相互关联关系，结合成一台风力发电机组的工艺过程称为装配。

2. 风力发电机组的部件装配（车间装配）

风力发电机组的任意部件总成，如机舱、发电机组等，都是由许多零件和小部件组成的，把机座、端盖、转子、定子等装配成发电机的这类装配过程称为部件装配。风力发电机组的发电机、机舱、控制器等部件一般由专业生产厂商装配生产，主机厂以外构件方式订货采购。

3. 风力发电机组的总装配（风场装配）

由于风力发电机组结构的特殊性，主机厂的风力发电机组装配过程不可能将尺寸巨大的叶片和塔架等在生产车间全部装配在一起，而必须在风力发电现场才完成最终装配，这是不同于一般机电产品（如汽车、内燃机、机床等）的特点。以塔筒为基础件，把包括机舱、发电机、发电机、主轴承、轮毂和叶片等部件总成按一定的技术要求和工艺顺序组合成一台完整的风力发电机组的工艺过程称为总装配。

二、风力发电机组车间装配的要求

1. 风力发电机组车间装配的一般要求

1）进入装配的零部件（包括外购件、外协件）均应具有检验部门的合格证，方能进行装配。

2）零部件在装配前应当清理并清洗干净，不得有飞边、氧化皮、锈蚀、切屑、油污、着色剂和灰尘等。

3）装配前应对零部件的主要配合尺寸，特别是过盈配合尺寸及相关精度进行复查。经钳工修整的配合尺寸，应由检验部门复检，合格后方可装配，并有复查报告存入该风力发电机组档案。

4）除有特殊规定外，装配前应将零件尖角和锐边倒钝。

5）装配过程中零部件不允许磕伤、碰伤、划伤和锈蚀。

6）油漆未干的零部件不得进行装配。

7）对每一道装配工序，都要有装配记录，并存入风力发电机组档案。

8）零部件的各润滑处装配后应按装配规范要求注入润滑油（润滑脂）。

2. 风力发电机组车间装配的安全要求

1）现场的装配人员佩戴安全帽、工作服、防护手套。

2）装配场地必须清除周围的垃圾及可燃物。

3）严格遵守吊装吊运的安全规则。

4）不允许站在被提升物体的下面。

5）使用吊车时，必须严格遵守有关安全技术操作规程。

6）吊起部件时，非工作人员应及时离开不得接近，以防发生危险。

7）所有工具不允许放在被吊物体上面，防止掉下伤人。

8）装配必须在指定的区域内进行，不允许在人行道上进行装配。

9）支撑必须平稳牢固。

10）安全防护区应有警告标志。

3. 风力发电机组车间装配的生产场地要求

风力发电机组车间装配对生产场地的基本要求是：宽敞、平整、光亮、通风；地面要平坦干燥；有良好的采光或局部照明；自然通风或有通风设备；工具、工件、材料等应排列整齐。

风力发电机组装配场地的单跨宽度应为3倍左右的机舱或轮毂长度，跨数视年生产能力确定。若年生产500～600台，至少需要4跨，每跨长度为150～200m。车间高度应在10m以上，每跨内应安装天车两台。总装跨内天车的最大起吊能力，应比机组总装配完成后的总重量大20%左右。轮毂装配跨的最大起吊能力，应比轮毂总装配完成后的总重量大20%左右。

年生产500～600台的生产车间内应布置4跨，每跨至少8～10个装配工位，工位的间距应不小于一个机舱宽度；不同装配工位完成从装配开始到调试、试运行的不同阶段。可实行总工—工段长—班长—工人的管理体制。设机舱安装班一个、风轮轴安装班一个、轮毂安装班两个、电气安装班两个、整机安装班四个，整机安装班和电气安装班的人员共同组成调试、试运行小组。

三、风力发电机组车间装配的工艺

1. 风力发电机组车间装配前的准备阶段

1）熟悉风力发电机组总装配图、装配工艺和质量要求等技术文件。

2）准备好装配台架（台车）、其他工艺装备、工具量具等。

3）按明细表清理零部件，品种数量要齐全，确认拟投入装配的零部件均是经检验合格的，对有锈蚀或不清洁的零件表面进行清洗处理。

4）确认装配现场所需电、水、油品等能满足需要，现场空间、场地、起重运输设备、照明、安全设施等符合要求。

2. 装配工作阶段

按照主机厂的具体情况组织装配工艺作业，直驱风力发电机组在车间需要完成装配的主

要部件有发电机、轮毂、机舱及主轴承等，装配的具体要求如下：

（1）螺钉、螺栓连接

1）紧固螺钉、螺栓和螺母时严禁击打或使用不合适的旋具和扳手。

2）紧固后螺钉槽、螺母和螺钉、螺栓头部不得损坏。

3）有规定拧紧力矩要求的紧固件，应采用扭力扳手并按规定的力矩值拧紧。

4）未规定拧紧力矩值的紧固件，在装配时应严格控制力矩值，也可采用液压拉伸器进行螺栓的紧固。

5）同一零件用多件螺钉或螺栓连接时，各螺钉或螺栓应交叉、对称、逐步、均匀拧紧。宜分两次拧紧，第一次先预拧紧，第二次再完全拧紧，这样保证连接受力均匀。如有定位销，应从定位销开始拧紧。

6）螺钉、螺栓和螺母拧紧后，其支撑面应与被紧固零件贴合，并以黄色油漆标识。

7）螺母拧紧后，螺栓头部应露出2~3个螺距。

8）沉头螺钉拧紧后，沉头不得高出沉孔端面。

9）严格按图样和技术文件规定等级的紧固件装配，不得用低等级紧固件代替高等级的紧固件进行装配。

（2）销连接

1）圆锥销装配时应与孔进行涂色检查，其接触率不应小于配合长度的60%，并应分布均匀。

2）定位销的端面应突出零件表面。待螺尾圆锥销装入相关零件后，大端应沉入孔内。

3）开口销装入相关零件后，尾部应分开，扩角为60°~90°。

（3）键连接

1）平键装配时，不得配制成梯形。

2）平键与轴上键槽两侧面应均匀接触，其配合面不得有间隙。钩头键、楔键装配后，其接触面积不应小于工作面积的70%，且不接触面不得集中于一端。外露部分应为斜面的10%~15%。

3）花键装配时，同时接触的齿数应不小于2/3，接触率在键齿的长度和高度方向应不低于50%。

4）滑动配合的平键（或花键）装配后，相配键应移动自如，不得有松紧不均现象。

（4）铆钉连接

1）铆接时不应损坏被铆接零件的表面，也不应使被铆接的零件变形。

2）除有特殊要求外，一般铆接后不得出现松动现象，铆钉肩部应与被铆零件紧密接触，并应光滑圆整。

（5）黏合连接

1）黏结剂牌号应符合设计和工艺要求，并采用有效期限内的产品。

2）被黏接的表面应做好预处理，彻底清除油污、水膜、锈迹等杂质。

3）黏接时，黏结剂应涂均匀。固化的温度、压力、时间等应严格按工艺或黏结剂使用说明书的规定。

4）黏接后应清除表面的多余物。

（6）过盈连接

1）压装时应注意，压装所用压入力的计算应按《风力发电机组　装配和安装规范》（GB/T 19568—2017）进行。

2）压装的轴或套允许有引入端，其导向锥角为10°~20°，导锥长度应不大于配合长度的5%。

3）实心轴压入盲孔时，允许开排气槽，槽深应不大于0.5mm。

4）压入件表面除特殊要求外，压装时应涂清洁的润滑油。

5）采用压力机压装时，其压力机的压力一般为所需压入力的3~3.5倍。压装过程中压力变化应平稳。

（7）热安装注意事项

1）热装的加热方法可参考GB/T 19568—2017《风力发电机组　装配和安装规范》选取。

2）热装零件的加热温度根据零件材质、结合直径、过盈量及热装的最小间隙等确定，确定方法按GB/T 19568—2017《风力发电机组　装配和安装规范》要求选取。

3）油加热零件的加热温度应比所用油的闪点低20~30℃。

4）热装后零件应自然冷却，不允许快速冷却。

5）零件热装后应紧靠轴肩或其他相关定位面，冷却后的间隙不得大于配合长度尺寸的0.3/1000。

（8）冷安装注意事项

1）冷装时的常用冷却方法可参考GB/T 19568—2017《风力发电机组　装配和安装规范》选取。

2）冷装时零件的冷却温度及时间的确定方法可参考GB/T 19568—2017《风力发电机组　装配和安装规范》选取。

3）冷却零件取出后应立即装入包容件。零件表面有厚霜者，不得装配，应重新冷却。

（9）胀套注意事项

1）胀套表面的结合面应干净、无污染、无腐蚀、无损伤。装前均匀涂一层不含MoS_2等添加剂的润滑油。

2）胀套螺栓应使用扭力扳手，并对称、交叉、均匀拧紧。

3）螺栓的拧紧力矩T_a值按设计图样或工艺规定，也可参考GB/T 19568—2017，并按下列步骤进行：

第一步：以$1/3T_a$拧紧；第二步：以$1/2T_a$拧紧；第三步：以T_a值拧紧；第四步：以T_a值检查全部螺栓。

3. 装配后期阶段

（1）校正　校正指相关零、部件之间相互位置的找正、找平作业，一般用在大型机械的基本件的装配和总装配中。

（2）调整　调整是调节零部件间的相对位置、结合松紧程度、配合间隙等，调整可以配合校正作业保证零、部件的相对位置精度，还可以调节运动副内的间隙，保证运动精度，如齿轮箱输出轴与发电机轴同心度的调整，制动摩擦片与制动盘间隙的调整等。

(3) 检验　在组件、部件及总装过程中，在重要工序的前后往往需要进行中间检验。总装完毕后，应根据要求的技术标准和规定，对产品进行全面的检验和实验。

(4) 喷漆、防锈和包装　按要求的标准对零部件进行喷漆，用防锈油对指定部位加以防护，最后进行包装出厂。

❖ 任务实训

一、实训目的

1) 理解直驱风力发电机组的装配规范。
2) 掌握直驱风力发电机组装配的安全要求。
3) 掌握直驱风力发电机组主要装配工具的使用方法及注意事项。

二、实训内容

1) 风力发电机组安装与调试设备安装规范认知。
2) 风力发电机组安装与调试设备装配的安全认知。
3) 风力发电机组系统安装与调试设备工具的认识与使用。

三、实训器材

本任务实训主要是风力发电机组安装与调试所需实训器材的认识与使用，具体见表 1-2-1。

表 1-2-1　实训器材

序　号	名　称	单　位	数　量
1	内六角扳手	套	1
2	组合工具	套	1
3	螺钉旋具	套	1
4	活扳手	个	1
5	斜口钳	个	1
6	呆扳手	套	1
7	电烙铁	个	1
8	作业灯	个	1
9	万用表	个	1
10	工具箱	个	1
11	游标卡尺	个	1
12	塞尺	套	1
13	卷尺	个	1
14	丝锥	个	1
15	剥线钳	个	1
16	小型门式起重机	套	1

四、实训步骤

1. 风力发电实训设备的安装规范认知

1）风力发电机组装配前需要组织全体参加安装操作的人员进行安全交底，并进行简单培训。所有的施工人员必须要明确自己的任务，了解风机的安装程序。

2）参加装配作业的人员应按规定正确佩戴安全帽、安全鞋，做到领紧、袖子紧、下摆紧。

3）装配现场必须设围栏和警告标线，禁止行人通过和在起吊物下逗留。

4）塔筒平台放置物品应远离缝隙位置，防止跌落。

5）塔筒及机舱吊装时，禁止将手臂放置于法兰连接平面。

6）吊装过程中注意吊点的准确，做到慢起慢落，避免磕碰，注意设备的成品保护。机舱吊具挂钩时应避免吊具磕碰机舱内元器件造成损坏。

7）在各部件的过程中，各工种做好相互之间的配合，工作有条有序，忙而不乱，同时遵循“三不伤害”的原则，提高自我意识，做好安全互保，防止出现意外。

8）施工用的工具应按指定的地点堆放。

9）搞好环境卫生，及时消除施工作业区的垃圾和废弃物，保持施工区域的整洁。

10）工具放置在工具箱内，螺钉、螺母按照规格放置在相应的置物盒中。

11）装配过程中，零件不允许磕伤、碰伤、划伤和锈蚀。

12）对每一装配工序，都要有装配记录。

2. 螺钉、螺栓连接要求认知

螺钉、螺栓连接具体要求见前文（本书第 21、22 页）。

3. 吊车安全规范认知

1）工作前，应检查各装置是否正常，安全设施是否齐全、可靠、灵敏，严禁吊车带故障运行。

2）在吊装重物时，要先将重物吊离地面 10cm 左右，检查吊车的稳定性和制动器等是否灵敏和有效，在确认正常的情况下才可以正常工作。

3）严禁在吊装重物时上站人，严禁吊物过肩。

4）不允许长时间吊重在空中停留，门式起重机吊装重物时，司机和地面指挥人员不得离开。

4. 装配工具认识

（1）内六角组合扳手　内六角扳手也叫艾伦扳手，实物如图 1-2-1 所示，是机组装配过程中是使用最多的一种工具。内六角扳手通过转矩对螺钉施加作用力，大大降低了使用者的用力强度。

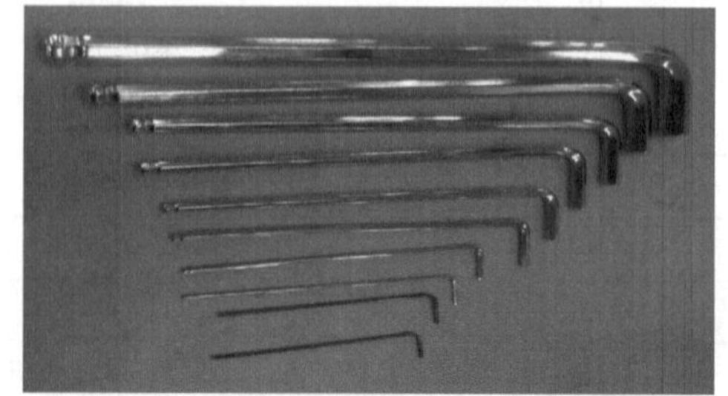

图 1-2-1　内六角组合扳手

(2) 组合工具　其实物如图1-2-2所示，组合工具中包含有套筒、棘轮扳手、螺钉旋具、加长杆、转换头等。

其中棘轮扳手是一种手动螺钉松紧工具，分别有单头、双头多规格活动柄棘轮梅花扳手(固定孔的)。棘轮扳手可以设置顺时针（锁紧）和逆时针（释放）两种状态，使用者可以根据需要进行调节。

(3) 螺钉旋具　其实物如图1-2-3所示，螺钉旋具套装中包含有一字、十字等各规格螺钉旋具。

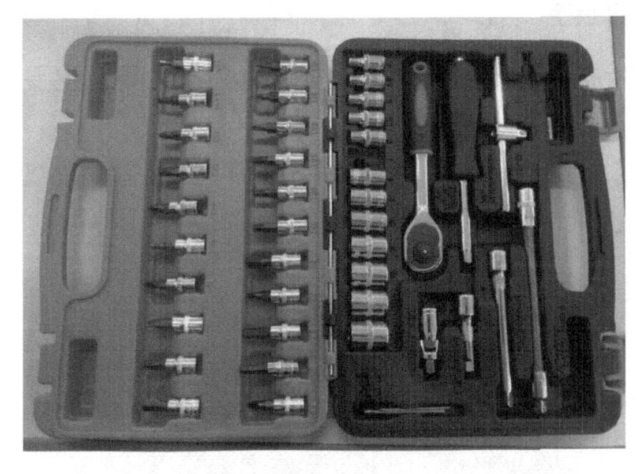

图1-2-2　组合工具

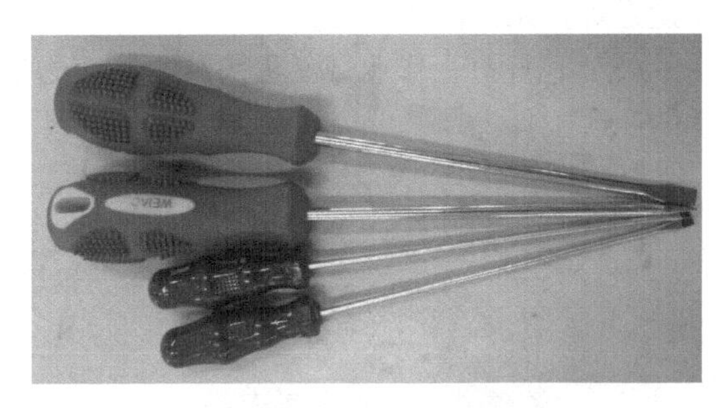

图1-2-3　螺钉旋具

(4) 活扳手　活扳手实物如图1-2-4所示，它是一种旋紧或拧松有角螺钉或螺母的工具。使用时，右手握手柄，手越靠后，扳动起来越省力。

扳动小螺母时，因需要不断地转动蜗轮，调节扳口的大小，所以手应握在靠近呆扳唇的位置，并用大拇指调制蜗轮，以适应螺母的大小。

活扳手的扳口夹持螺母时，呆扳唇在上，活扳唇在下。活扳手切不可反过来使用，也不得把活扳手当锤子用。

(5) 斜口钳　其实物如图1-2-5所示，斜口钳主要用于剪切导线、元器件多余的引线，还常用来代替一般剪刀剪切绝缘套管、尼龙扎线卡等。

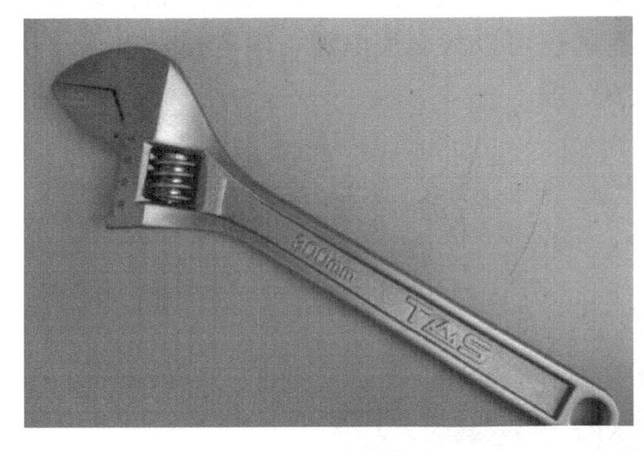

图1-2-4　活扳手

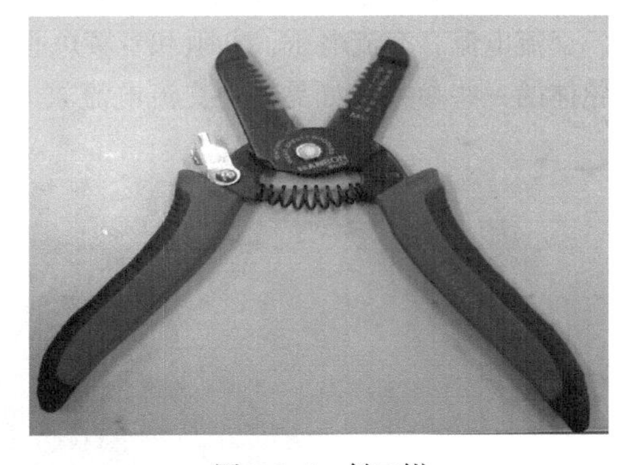

图1-2-5　斜口钳

(6) 呆扳手　呆扳手又称开口扳手（或称死扳手），其实物如图1-2-6所示，主要分为双头呆扳手和单头呆扳手。它的作用广泛，主要用于机械检修、设备安装等。

图 1-2-6　呆扳手

（7）电烙铁　其实物如图 1-2-7 所示，电烙铁是电子制作和电器维修的必备工具，主要用途是焊接元器件及导线。

（8）作业灯　作业灯又称头灯，其实物如图 1-2-8 所示，即戴在头上的灯，它是解放双手的照明工具。

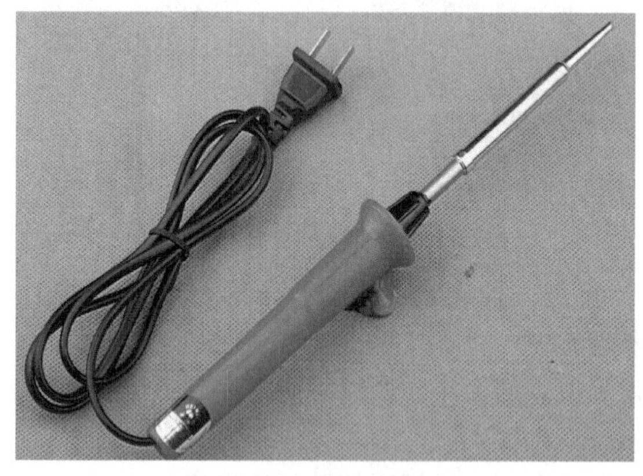

图 1-2-7　电烙铁

图 1-2-8　作业灯

（9）万用表　万用表又称为复用表、多用表、三用表、繁用表等，是电力电子等部门不可缺少的测量仪表。万用表按显示方式分为指针万用表和数字万用表，数字万用表的实物如图 1-2-9 所示，是一种多功能、多量程的测量仪表，一般万用表可测量直流电流、直流电压、交流电流、交流电压、电阻和音频电平等，有的还可以测交流电流、电容量、电感量及半导体的一些参数（如晶体管交流电流放大倍数 β）等。

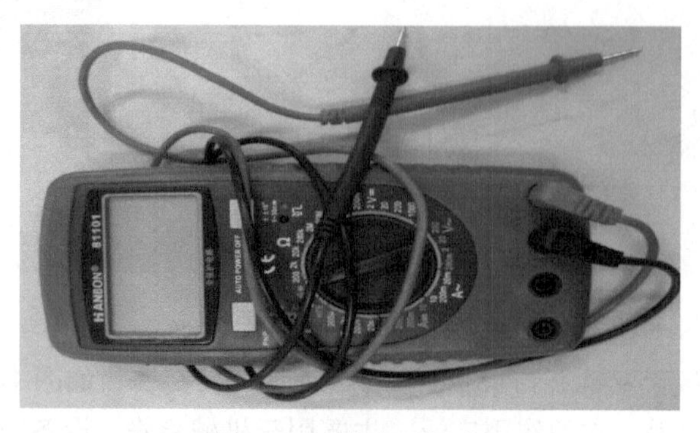

图 1-2-9　数字万用表

（10）工具箱　它是一种容器，其实物如图 1-2-10 所示，是存储工具和各种家庭杂物的容器，可用于生产、家庭、维修、钓鱼等各种用途，使用广泛。

图 1-2-10　工具箱

（11）游标卡尺　游标卡尺实物如图 1-2-11 所示，是一种测量长度、内外径、深度的量具。游标卡尺由主尺和附在主尺上能滑动的游标两部分构成。

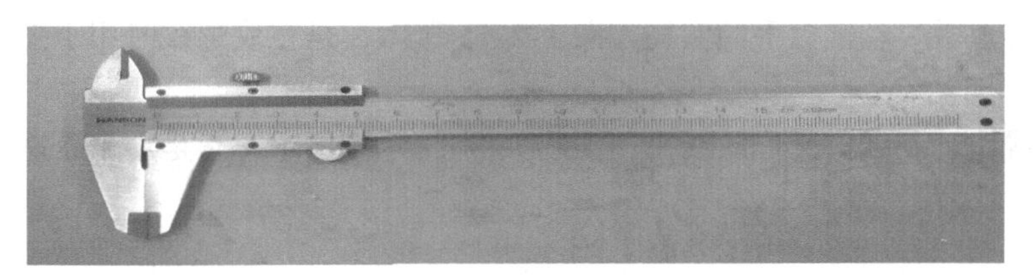

图 1-2-11　游标卡尺

（12）塞尺　塞尺实物如图 1-2-12 所示，它是一种测量工具，主要用于间隙间距的测量。

图 1-2-12　塞尺

（13）卷尺　卷尺的实物如图 1-2-13 所示，是日常生活中常用的量具。

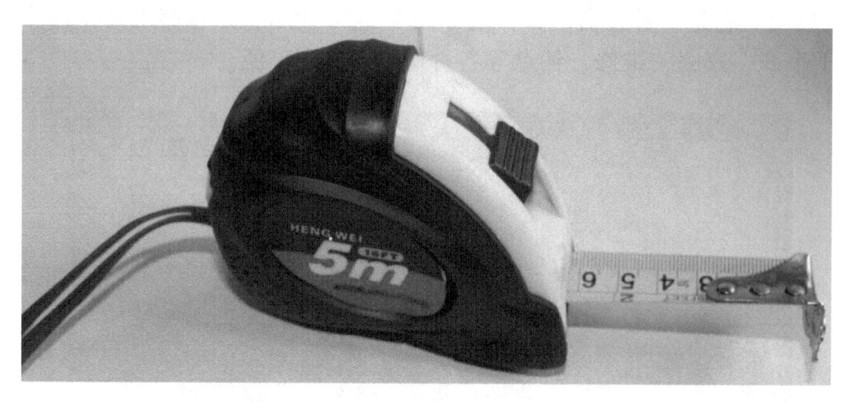

图 1-2-13 卷尺

（14）丝锥 丝锥的实物如图 1-2-14 所示，是一种加工内螺纹的刀具，按照形状可以分为螺旋丝锥和直刃丝锥，按照使用环境可以分为手用丝锥和机用丝锥，按照规格可以分为公制、美制和英制丝锥。

图 1-2-14 丝锥

（15）丝锥扳手 丝锥扳手的实物如图 1-2-15 所示，是在攻螺纹时用于夹持手用丝锥的一种工具。

（16）剥线钳 剥线钳又称压线钳，实物如图 1-2-16 所示，它是用来压制电缆接头的一种工具。

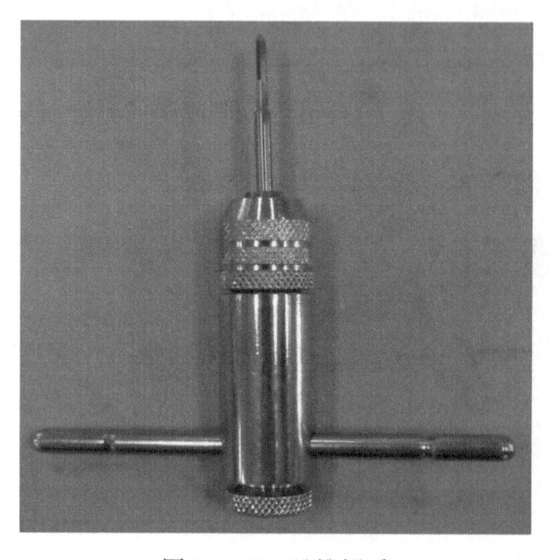

图 1-2-15 丝锥扳手

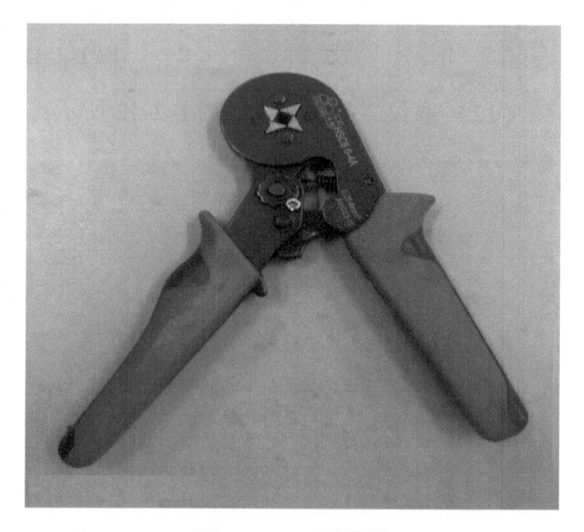

图 1-2-16 剥线钳

（17）小型门式起重机　门式起重机是桥式起重机的一种变形，又称龙门吊。小型门式起重机实物如图1-2-17所示，它的金属结构像门形框架，承载主梁下安装两条支脚，可以直接在地面上行走。

图1-2-17　小型门式起重机

❖ 任务提升与总结

1. 任务提升

1）通过本任务的学习及查阅相关技术资料，说明兆瓦级直驱风力发电机组车间装配对场地的要求。

2）通过本任务的学习及查阅相关技术资料，说明兆瓦级风力发电机组装配中螺钉、螺栓连接的主要工艺要求。

2. 任务总结

1）根据给定的资料，学生按小组分工撰写直驱风力发电机组装配工具的使用说明（Word报告书）。每一小组选派一人进行汇报。

2）小组讨论，自我评述风力发电机组安装与调试设备在装配过程中应注意的安全事项。

项目二　风力发电机组的机械装配与检测

任务一　风力发电机组轮毂的机械装配与检测

❖ 任务要求

风力发电机组按照部件分类，主要由叶片总成、轮毂总成、发电机总成、主轴承总成、机舱总成、塔架总成、基础等部件组成。风力发电机组的叶片总成、发电机总成、塔架总成等部件一般由专业生产厂商装配生产，主机厂以外构件方式订货采购，并由专业生产厂商将合格产品直接发往风力发电场。而风力发电机组在车间主要完成轮毂总成、机舱总成和主轴承总成装配。

本任务就是根据风力发电机组轮毂的装配工艺文件，完成兆瓦级直驱风力发电机组轮毂的车间装配。

❖ 任务资讯

一、轮毂的结构

直驱风力发电机组的轮毂是连接叶片和主轴承的部件，承受来自叶片的载荷并将其传递到主轴上，该系统主要由轮毂（铸件）、变桨轴承、变桨驱动、撞块装置、限位开关装置、变桨控制柜及雷电保护装置等组成，如图 2-1-1 所示。每个叶片有一套独立的变桨机构，变桨机构主动对叶片进行调节。

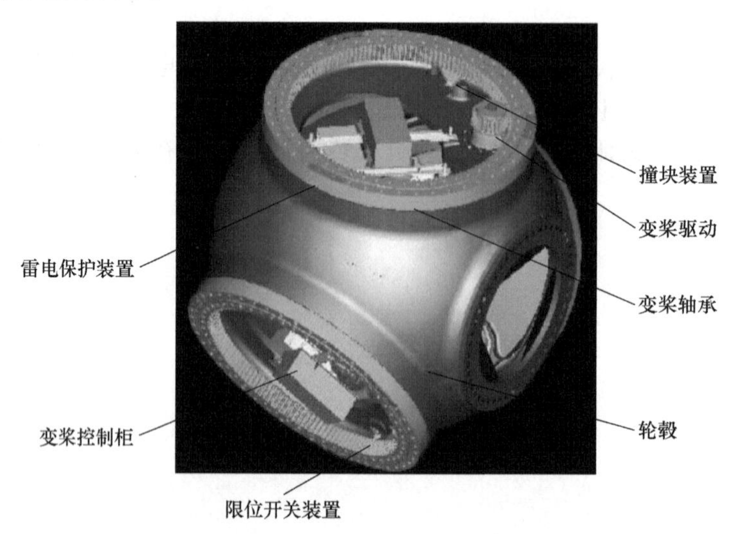

图 2-1-1　风力发电机组轮毂总体结构

二、轮毂装配的零部件、工具及材料

1. 轮毂总成的零部件

轮毂总成的主要零部件见表 2-1-1。

表 2-1-1　轮毂总成的主要零部件

序号	名　称	数量	单位	备　注
1	轮毂铸件	1	套	
2	变桨轴承总成	3	套	包括变桨轴承、变桨轴承螺栓及其他配件
3	叶片法兰总成	3	套	
4	锁紧装置总成	3	套	到风电场进行安装
5	变桨驱动总成	3	套	包括变桨电动机、变桨减速器及其配套螺栓
6	零位指示总成	3	套	
7	轮毂主控柜总成	1	套	
8	顶罩	1	个	
9	集电环总成	1	套	
10	限位开关撞块	3	套	
11	螺栓 M20×70	3	个	包括其配套垫圈
12	润滑走线架总成	6	套	
13	轮毂电池柜 3 总成	1	套	
14	润滑毡齿轮总成	3	套	包括毡齿轮、固定板、接头及其配套螺栓
15	避雷套件	3	套	包括避雷总成、连接杆、绝缘板、电刷及其配套螺栓
16	限位开关总成	3	套	
17	变桨轴承次级油脂分配总成	3	套	
18	变桨轴承主油脂分配阀总成	1	套	
19	轮毂电池柜 1 总成	1	套	
20	护栏总成	6	套	
21	轮毂电池柜 2 总成	1	套	
22	轮毂与发电机螺栓组	60	个	到风电场进行安装
23	轮毂运输架	1	个	

2. 工装器具

轮毂总成装配所需的主要工装器具见表 2-1-2。

表 2-1-2　轮毂总成装配所需的主要工装器具

序号	设备/工具名称	数量	单位	型号、规格
1	起重机	各 1	台	5t、32t
2	叉车	1	辆	
3	空气压缩机	1	台	0.5～0.7MPa
4	液压扭力扳手组套	1	套	300～800N · m
5	3/4in（1in = 25.4mm）扭力扳手	2	个	60～320N · m
6	1/2in 扭力扳手	1	个	GZ－011
7	锁紧螺母套 M36	2	套	
8	变桨轴承轮毂装配导销	4	个	
9	轮毂装配运输架	1	个	GZ－020
10	工件托架 A	2	个	ZG－019
11	木制工作楼梯	1	个	300cm × 500cm × 10cm
12	橡胶垫板	3	块	
13	变桨轴承吊装工具	1	个	960cm × 610cm × 1110cm
14	标准件配送车	1	辆	40cm × 140cm × 3000cm
15	木板	2	块	L = 450cm，600cm
16	M16 套筒加长杆	3	个	M16、M20、M24
17	吊环螺钉	3	个	2t，3m
18	吊带	3	根	20t，4m
19	吊带	3	根	25t，5m
20	聚酰胺锦纶复丝绳索	3	根	15t
21	特制 D 型卸扣	3	个	2t
22	DW 型卸扣	3	个	1.5t
23	手动葫芦	1	个	
24	手动变桨正反转控制器	1	个	
25	电动冲击扳手	1	个	
26	3/4in 六方套筒	各 1	个	50mm，55mm
27	内六角扳手	1	套	2.5～30mm
28	一字螺钉旋具	1	套	
29	棘轮套筒扳手组套	1	套	
30	手电钻、钻头	1	套	
31	喷气枪	1	把	清洁用
32	ϕ125mm 角磨砂轮机	1	个	SIM－FF－125A
33	砂带角磨片	2	个	ϕ125mm × 45mm
34	砂轮切割片	1	个	4in

（续）

序号	设备/工具名称	数量	单位	型号、规格
35	棘轮开口梅花扳手	1	套	包括 7mm, 8mm, 9mm, 10mm, 11mm, 12mm, 13mm,14mm,17mm,19mm,22mm,24mm,27mm, 30mm,32mm,36mm,41mm,46mm,50mm,55mm
36	开口梅花扳手	1	套	包括 7mm, 8mm, 9mm, 10mm, 11mm, 12mm, 13mm,14mm,17mm,19mm,22mm,24mm,27mm, 30mm,32mm,36mm,41mm,46mm,50mm,55mm
37	手用丝锥及绞杠	1	套	包括 M36, M33, M24, M20, M16, M12, M10, M8, M5, M4
38	钢直尺	1	把	1000mm
39	塞尺	2	套	0. 01 ~ 1mm
40	游标卡尺	1	把	0 ~ 150mm
41	游标卡尺	1	把	0 ~ 500mm
42	打胶枪	1	把	
43	油漆刷	2	个	2in
44	纱手套	1	副	
45	预置式开口扭力扳手	1	套	

3. 辅助材料

轮毂总成装配所需的主要辅助材料见表 2-1-3。

表 2-1-3　轮毂总成装配所需的主要辅助材料

序号	名　　称	数量	单位	型号、规格
1	可赛新高效清洗剂	1	瓶	1755
2	黄袍清洗剂	1	kg	ES - 323
3	防锈剂	1. 5	L	TECTYL RV342
4	螺纹锁固剂	1	支	LOCTITE243
5	攻螺纹润滑液	0. 5	kg	RTD LIQUID
6	螺栓润滑脂	0. 75	kg	MoS_2
7	表面灰色胶布	1	卷	20mm 宽
8	水彩笔	各 1	支	红、蓝、黑、绿
9	透明胶带	1	卷	60mm 宽
10	除锈去漆角磨片	1	个	ϕ100mm
11	防锈锌喷剂	80	mL	ZINK SPRAY 70 - 45
12	白布	1	卷	35mm/50m
13	聚四氟乙烯生料带	4	卷	50mm 宽
14	棉纱	2	kg	

三、轮毂总成装配工艺过程

轮毂总成装配工艺过程如下：轮毂铸件检查及清理→变桨减速器安装→变桨轴承安装→齿轮间隙调整→变桨电动机安装→变桨轴承螺栓组预紧（三轮）→润滑毡齿轮总成安装→护栏总成安装→变桨轴承主、次级油脂分配器总成安装→变桨轴承螺栓组第四轮预紧→润滑走线架总成安装→轮毂润滑管路布置→主控柜总成安装→电池柜 1 总成安装→电池柜 2、3 总成安装→集电环支架总成安装→限位开关撞块安装→限位开关总成安装→零位指示总成安装→避雷总成安装→润滑脂油管连接→轮毂内电气接线→叶片法兰总成安装→顶罩安装→绝缘板与电刷安装调试→清理→防锈处理→轮毂运输架安装→包装待运。

1. 轮毂装配前检查及清理

1）轮毂铸件检查及清理：检查铸件标识的图号、序列代号，要求清晰且无重号、无漏号；检查铸件油漆层无损坏；检查外购件、结构件表面无碰伤变形、锈蚀、镀锌及涂覆层脱落等其他影响质量的缺陷。

2）核对部件装配图，无缺项及错项。

3）上面两项检查合格后，在轮毂三吊耳上安装特制卸扣（见图 2-1-2），吊耳两侧垫入橡胶垫，防止擦伤涂层，吊入装配现场枕木上。

4）用压缩气体清除轮毂件表面、安装面、各螺孔及润滑油脂孔污迹。

5）内外表面喷涂 ES－323 黄袍清洗剂清洁污渍，用布擦干后，再用干布浸清洁水擦拭干净。

6）待表面干燥后，对缺漆表面进行补漆。

2. 变桨减速器安装（3 处）

1）在轮毂内面顶部安装变桨减速器吊环螺栓（见图 2-1-3）。

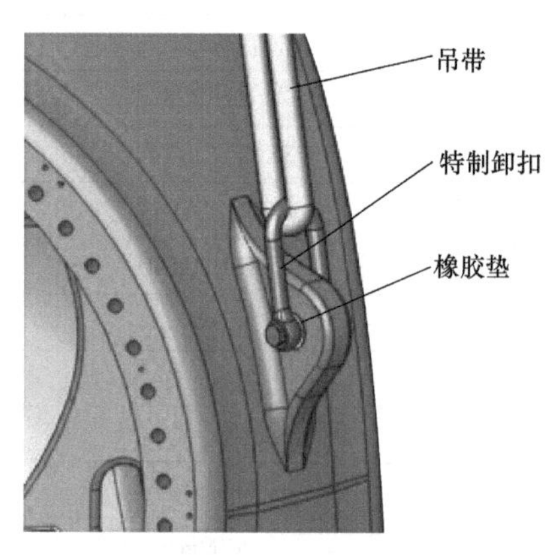

图 2-1-2　轮毂吊具安装

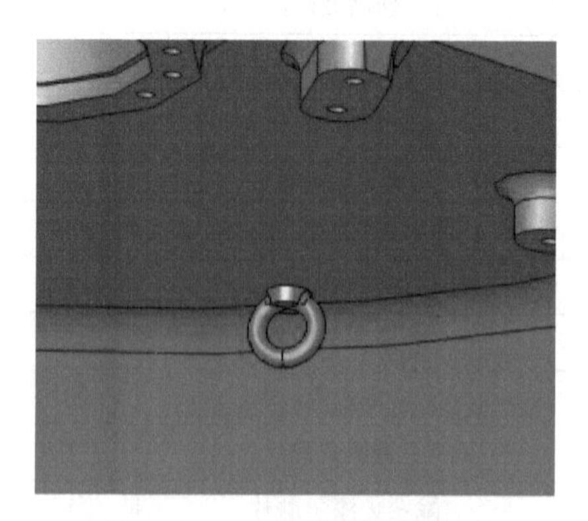

图 2-1-3　M20 吊环安装位置

2）叉车叉入变桨减速器置于轮毂内，吊环挂起手拉葫芦吊起减速器。

3）将螺柱螺纹段、螺母、垫圈作用面均匀涂抹润滑脂。螺柱组件先装入减速器法兰，偏心位置标志孔（见图 2-1-4）对位轮毂指定的安装孔（见图 2-1-5）。

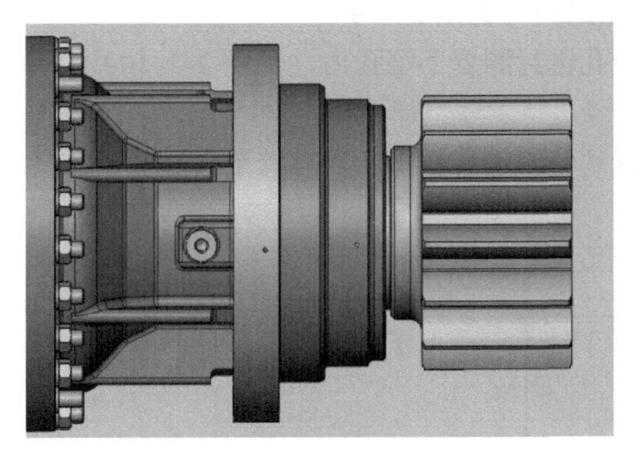
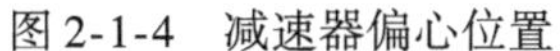
图 2-1-4　减速器偏心位置

图 2-1-5　偏心标志位置对位轮毂安装孔示意图

4）将已涂润滑脂的螺柱对位拧入轮毂安装孔。

5）按十字交叉法（见图 2-1-6），对螺柱分两遍对称均力预紧：第一遍预紧为终力矩的 70%（50N · m），用蓝色“/”标记；第二遍预紧为终力矩的 100%（70N · m），用红色“/”标记。

6）润滑脂接头安装：清洁轮毂油脂孔内污迹，用聚四氟乙烯胶带按右旋方向缠绕接头螺纹，将 12 个润滑脂接头旋入轮毂安装孔内，另一头油孔用塑料盖塞好防止污物进入（见图 2-1-7）。

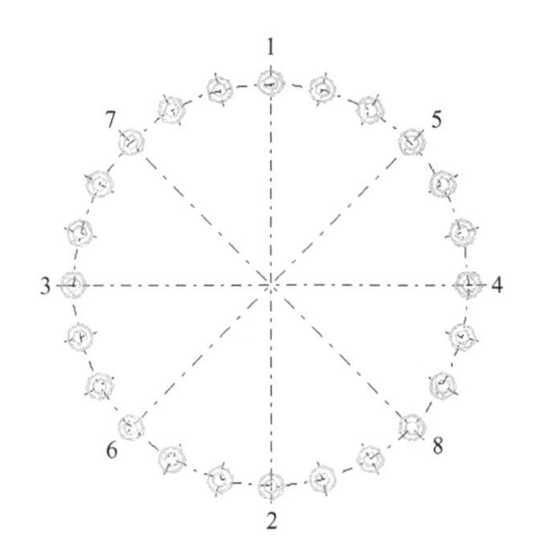

图 2-1-6　十字交叉法预紧

注：图上数字表示螺柱预紧顺序

图 2-1-7　润滑脂接头安装

3. 变桨轴承安装

（1）清洁　用高压气枪对轮毂及轴承螺孔、油孔以及安装面进行吹扫，清洁污渍，并用抹布擦拭干净。

（2）变桨轴承螺柱安装（不得使用弯曲的螺柱）

1）用 3 个吊环螺柱均布拧入变桨轴承吊装孔内，螺孔口朝上平置于两枕木上。

2）将变桨轴承螺柱短端螺纹段均匀涂抹 MoS_2 润滑脂，将其拧紧至变桨轴承螺孔内，螺柱伸出距变桨轴承端面高度为 180mm（见图 2-1-8），均布留出 4 个定位销孔，其中一导销安装在距变桨驱动齿轮最近点与变桨轴承绿色点之间（见图 2-1-9）。

3）油脂孔密封圈安装：清洁油脂孔，将油脂孔密封圈置于沉孔内（见图 2-1-10）并用干净黄油粘住。

4）用水平尺检查连接螺柱高度，对螺柱未拧到位的螺孔，重新攻螺纹至尺寸。

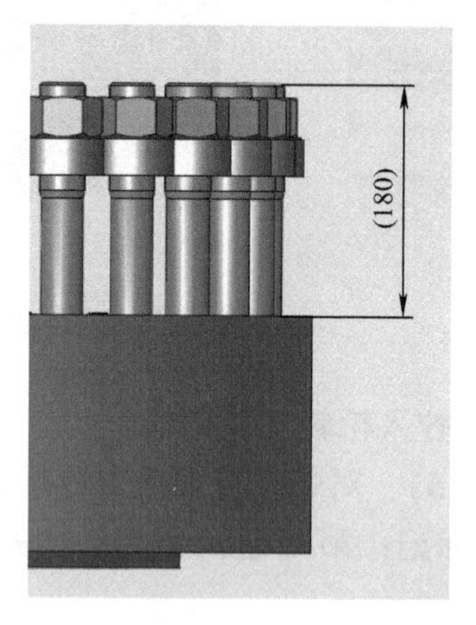

图 2-1-8　变桨螺柱伸出高度尺寸

图 2-1-9　导销安装位置示意图

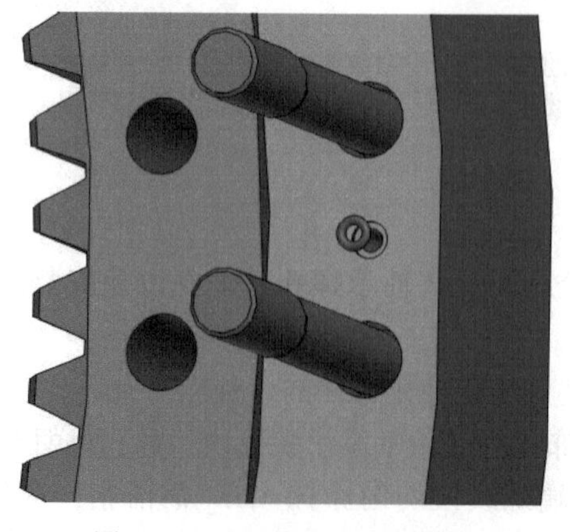

图 2-1-10　油脂孔密封圈安装

5）涂胶：在轮毂法兰面上安装孔外围位置均匀涂抹密封胶，防雨水渗入。

6）变桨轴承吊具安装：在吊装、放置过程中变桨轴承的淬火软点“S”处不得受力。先将变桨轴承吊装工具顶部安装吊环螺栓，再将变桨轴承吊装工具安装在变桨轴承上部 ϕ39mm 两相邻孔中线位置上（见图 2-1-11），注意变桨轴承绿色标志齿在小齿轮啮合位置上（见图 2-1-12）。

图 2-1-11　吊具安装

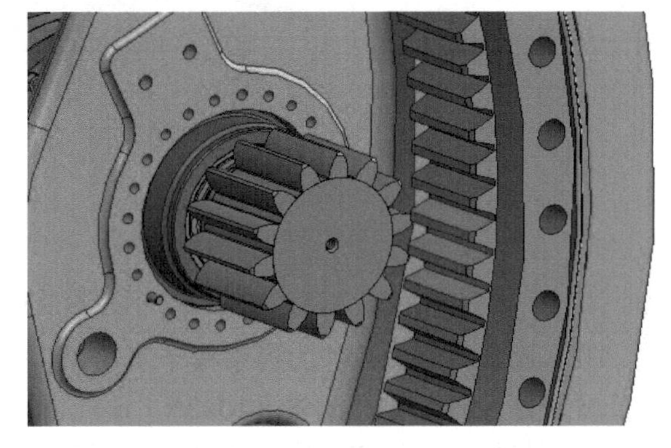

图 2-1-12　变桨轴承绿色标志齿与小齿轮啮合位置

（3）轴承安装

1）先清洁轴承，试吊变桨轴承平衡点，保证变桨轴承端面与轮毂安装面平行、螺柱对位轮毂各孔。

2）安装变桨轴承时若与小齿轮发生干涉，用手动变桨工装套入变桨减速器尾部心轴转动小齿轮，齿轮啮合后，插入 4 个导销，将轴承缓慢推入（见图 2-1-13），距轮毂端面留有约 50mm 距离，取出吊具背面两个锁扣螺栓及垫片，注意变桨轴承不得从吊具螺杆上滑落。

3）取出锁扣螺栓后，摆动变桨减速器小齿轮，将变桨轴承推入轮毂安装面，使变桨轴承齿轮与小齿轮啮合，并对称均布装入 8 组已涂 MoS_2 润滑脂的螺柱、衬套、M36 螺母。

图 2-1-13　变桨轴承装配

4. 齿轮间隙调整（3 处）

（1）间隙调整　转动变桨减速器小齿轮，使得变桨轴承上涂有绿色漆的 3 个齿与小齿轮完全啮合，点动起重机微调齿轮啮合间隙，啮合时齿的一侧间隙近似为0mm，另外一侧的间隙为0.35～0.56mm，正、反双向调整（见图2-1-14），且保证4个导销转动灵活、间隙均匀。用0.02～1.0mm塞尺检查齿间间隙。

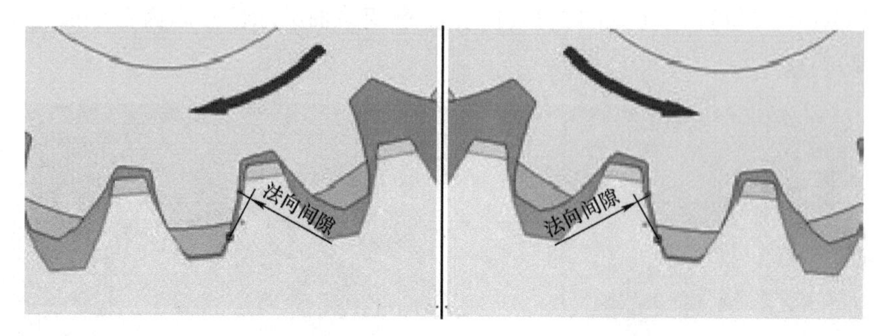

图2-1-14　齿轮啮合正、反双向间隙调整

（2）预紧螺柱　用扭力扳手按十字交叉法两人同时对称均力预紧已均布的8组变桨螺柱，预紧力为终力矩的50%（1042N·m），用蓝色“/”标记。

（3）齿轮间隙检查　按上面（1）步骤的方式检查齿轮啮合间隙，保证4个导销转动灵活、间隙均匀，否则起重机保持吊点力度，松开已预紧的8组螺柱，重新按上面步骤（1）方式调整齿轮间隙，直到符合上述要求范围。

（4）油脂孔检查　用清洁的细长钢丝检查油脂孔，确保12组轮毂油脂孔与变桨轴承油脂孔畅通，确认油道无堵塞。

（5）卸下吊具　卸下变桨轴承吊具。

5. 变桨电动机安装

1）在电动机轴上涂抹润滑油，键套入电动机轴用橡胶榔头轻轻敲入（注意键套方向），将电动机花键端插入减速器内。

2）4个螺柱螺纹段、螺母及垫圈作用面均匀涂抹MoS_2润滑脂。将螺柱装入垫圈与减速器法兰连接（见图2-1-15），拧紧螺母。

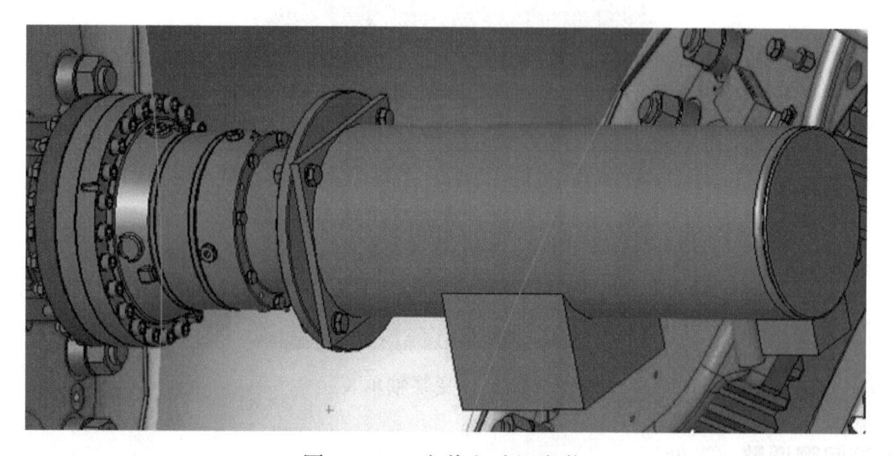

图2-1-15　变桨电动机安装

3）用扭力扳手对称均力预紧4个螺柱。

4）连接变桨电动机与手动变桨正反转控制器电缆。

6. 变桨轴承螺栓组预紧（3轮）

（1）螺栓组涂润滑脂　将所有螺栓组涂上润滑脂，起润滑和密封作用。

（2）螺栓组第一轮预紧　将液压扭力扳手力调到螺栓终力矩值的50%，按图2-1-16所示方法，采用十字交叉法两人同时对称均匀预紧，完成图上标注1、2四点预紧后，以后每3个螺距为一组，每组间隔均布，每打完一组用蓝色“/”标记，完成全部螺栓预紧（其中4个为导销）。按以上步骤完成第一轮螺栓预紧，用蓝色“/”标记。

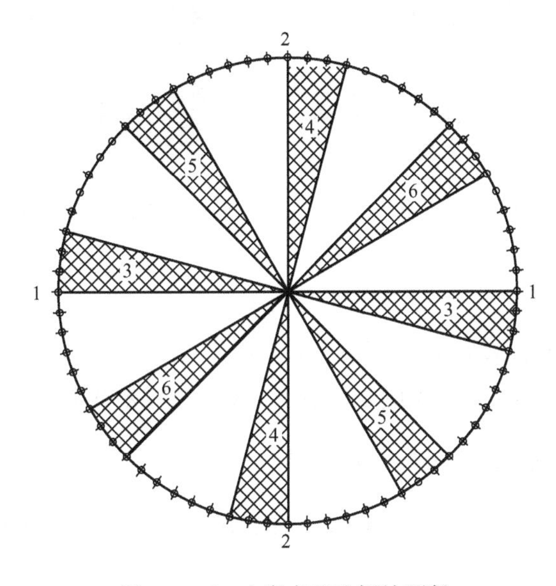

图2-1-16　十字交叉法螺栓预紧

（3）螺栓组第二轮预紧　将液压扭力扳手调到螺栓终力矩值的75%预紧全部螺母，用黑色“/”标记。

（4）螺栓组第三轮预紧

1）将液压扭力扳手调到螺栓终力矩值的100%。

2）起动正反转控制器，变桨电动机齿轮驱动变桨轴承转动。

3）按上面步骤预紧全部螺母，用绿色“/”标记，螺栓预紧过程中保持偏航轴承匀速转动。

4）螺栓预紧完毕，关闭控制器电源，轴承停止转动。

7. 润滑毡齿轮总成安装

（1）接头和固定板安装

1）去掉毡齿轮轴上的保护盖，将接头螺纹按右旋方向缠聚四氟乙烯胶带安装油嘴接头。

2）将变桨润滑毡齿轮固定板安装在支架上。

（2）毡齿轮总成安装

1）调整安装支架与毡齿轮位置，再将毡齿轮插入变桨小齿轮，安装支架对位轮毂安装孔，将两个螺栓螺纹段均匀涂上锁固剂，拧入安装螺孔紧固（见图 2-1-17）。

2）调整螺母，保证弹簧压缩后螺栓头与隔板间隙为 3 ~ 4mm，使毡齿轮与小齿轮啮合良好（见图 2-1-18）。

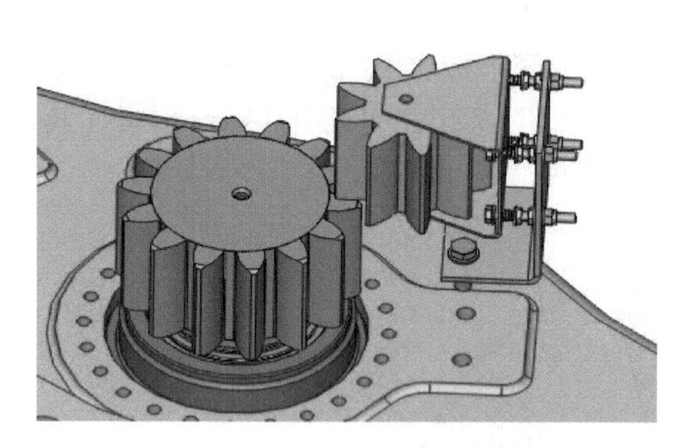

图 2-1-17　变桨润滑毡齿轮装配

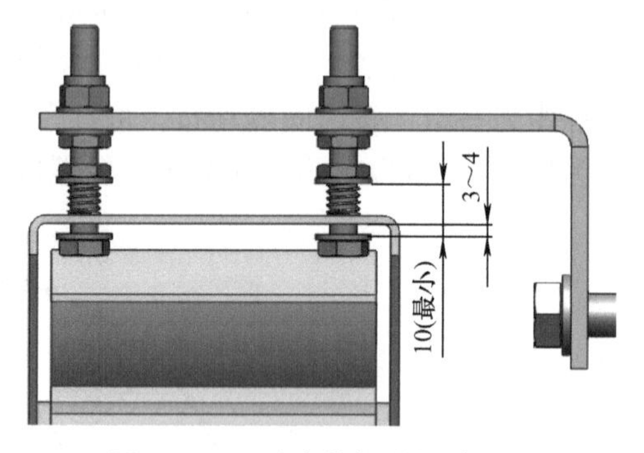

图 2-1-18　毡齿轮螺栓间隙调整

8. 护栏总成安装

1）将螺栓螺纹段均匀涂抹 MoS_2 润滑脂。

2）将护栏对位轮毂安装孔（见图 2-1-19），装入达克罗垫圈，用扭力扳手均力紧固。

9. 变桨轴承主、次级油脂分配器总成安装

用两个螺栓组件将分配器（阀）紧固在固定板上，再用两个螺栓组拧入轮毂安装孔，均力紧固（见图 2-1-20）。

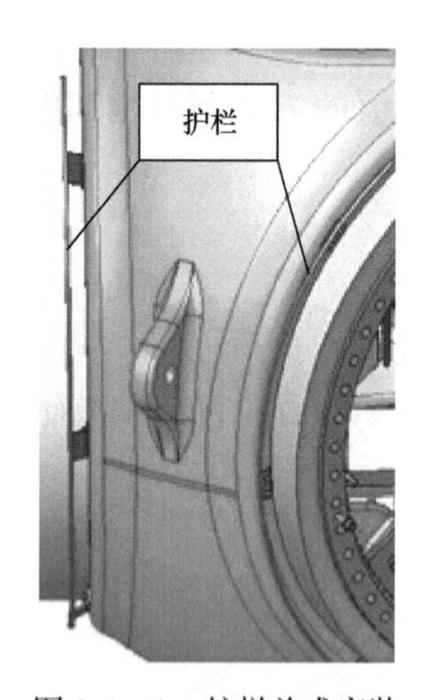

图 2-1-19　护栏总成安装

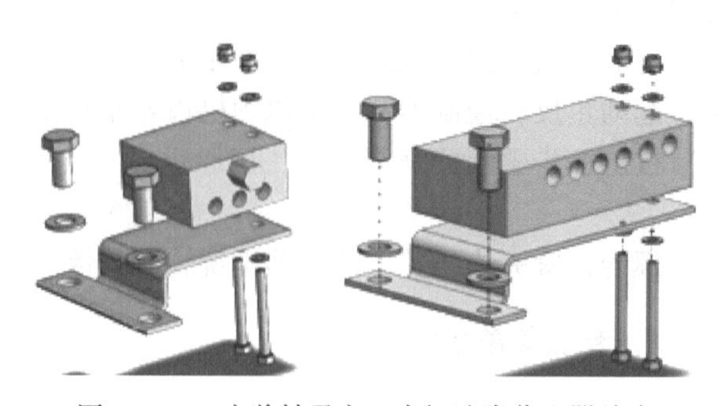

图 2-1-20　变桨轴承主、次级油脂分配器总成

1）将液压扭力扳手调到螺栓终力矩值的 100%。

2）起动正反转控制器，变桨电动机齿轮驱动变桨轴承转动，运转方向与第三轮方向相反。

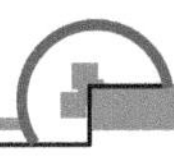

3）两人同时对称均匀预紧，完成第四轮轮毂与变桨轴承连接螺栓预紧，用红色“/”标记，螺栓预紧过程中保持偏航轴承运转。

4）螺栓预紧完毕，关闭控制器电源，轴承停止转动。

10. 润滑走线架安装

将润滑走线架用3个螺栓均力紧固在轮毂安装孔位置（见图2-1-21）。

图2-1-21　润滑走线架安装

11. 轮毂润滑管路布置

油管接通主、次级油脂分配阀及润滑泵、毡齿轮位置。油管沿润滑走线架安装，并用扎带绑紧，接头无泄漏、管道无扭曲、管径无变窄现象，要求走线合理美观。

12. 主控柜总成安装

1）主控柜安装前将柜内的电器元件安装完毕，检查无误后，根据设计要求对主控柜按1、2、3对应标号，1号对应于轮毂A和B标号之间，2号对应于轮毂B和C标号之间，3号对应于轮毂C和A标号之间（见图2-1-22）。

2）将轮毂控制柜的B型螺栓拧入轮毂螺纹段均匀涂抹锁固剂，拧入轮毂安装孔。再将吊环螺钉分别安装在3个主控柜上，连接卸扣后，用叉车将主控柜送入轮毂内（或从轮毂底部孔中吊入）。

3）将3根等长吊索一端挂在吊钩上，通过轮毂顶面中孔，另一端分别与3只卸扣连接（见图2-1-23）。

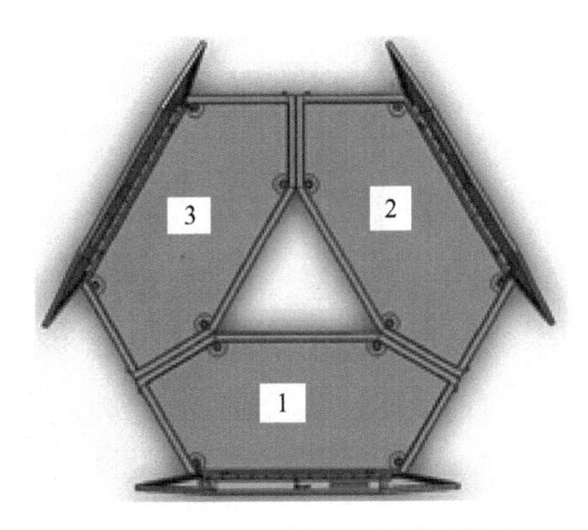

图2-1-22　主控柜顺序标号图

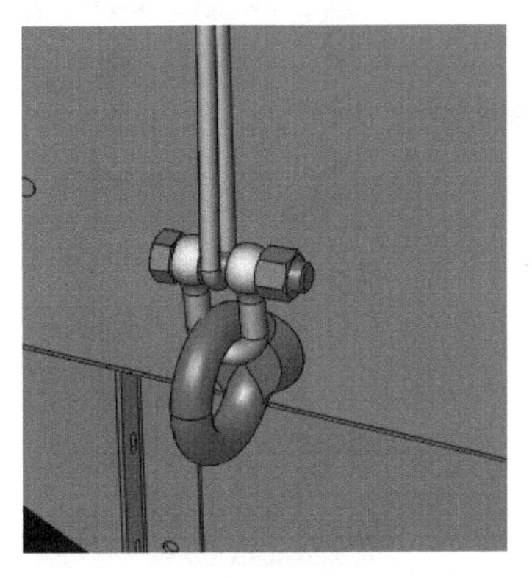

图2-1-23　主控柜吊索安装

4）起吊平衡后，将主控柜吊起至距轮毂顶面适当位置，将12个橡胶弹性支撑上半块外止口安装在主控柜顶面的孔内（见图2-1-24）。

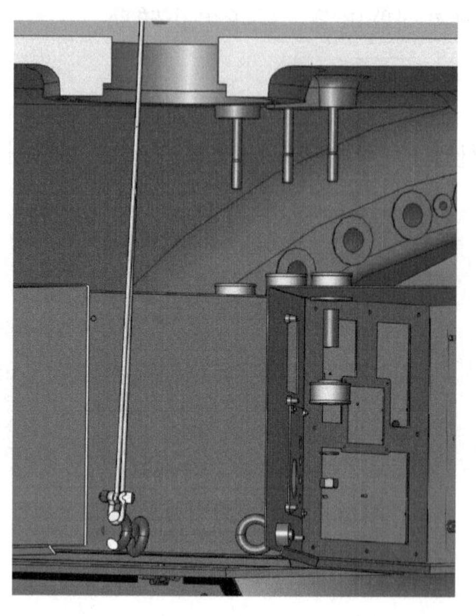

图2-1-24　主控柜及橡胶弹性支撑安装图

13. 电池柜1总成安装

1）将油脂泵支架1、油脂泵支架2安装在油脂泵上，均力紧固螺母，再与电池柜安装架组装（见图2-1-25）。

2）将轮毂电池柜1里的电池和连接线路安装完毕，检查无误后，吊入装配现场安装支架上。

3）将4个螺栓拧入电池柜1的螺纹段均匀涂抹锁固胶，拧入到位并装上橡胶弹性支撑的上半块，止口朝外。

4）按图2-1-26所示用吊带吊起电池柜安装架斜支撑，将油脂泵朝下（注意不得损坏油脂泵），装入4个橡胶弹性支撑的下半块并对位止口。

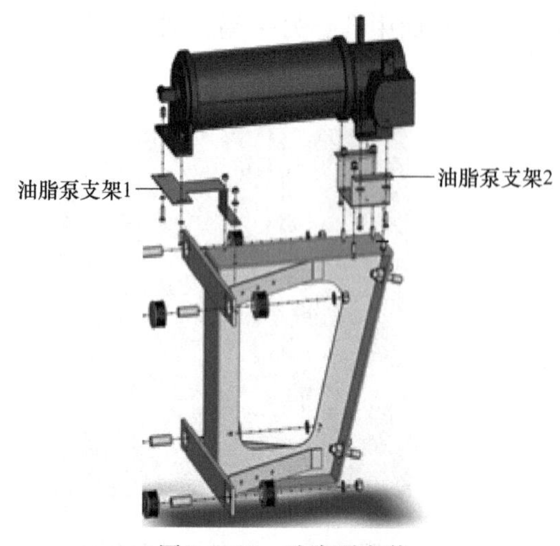

图2-1-25　油脂泵安装

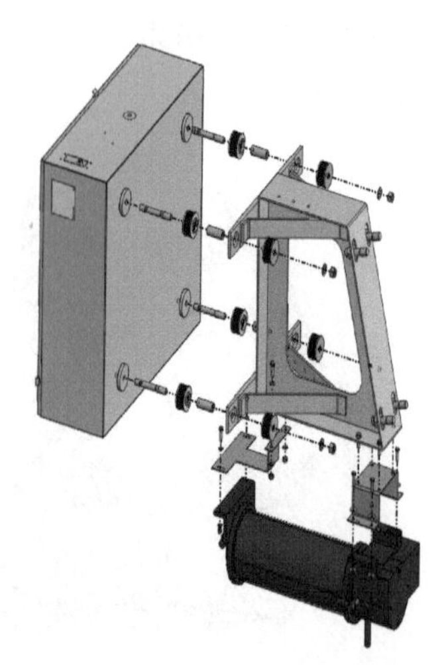

图2-1-26　与电池柜1组装

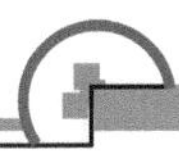

5）将电池柜1总成用叉车送入轮毂内并对应主控柜标号1位置，吊绳连接吊钩，吊绳从轮毂顶部螺孔穿入，连接安装架。起吊平衡，将电池柜1总成推入轮毂安装孔位置（对应主控柜标号1位置），装入垫片、锁紧螺母，用力矩中空液压扳手或特殊扭力扳手（100～400N·m）对称均力预紧螺栓。

14. 电池柜2、3总成安装

除电池柜2总成对应主控柜标号2位置，电池柜3总成对应主控柜标号3位置、无润滑油脂泵安装外，其余按电池柜1总成工序安装。

15. 集电环支架总成安装

按图2-1-27所示装入高速传感器及8个M12×50螺栓，螺栓螺纹段均匀涂抹锁固剂，安装垫圈、螺母对称均力紧固。调整高速传感器螺母，保证传感器底部距集电环齿轮端面间隙h为$1.00\text{mm} < h < 1.5\text{mm}$（以传出电信号为准），锁紧螺母。

16. 限位开关撞块安装（3处）

清洁变桨轴承内圆环安装面，限位开关撞块的长腰孔对位轴承安装螺孔，用两个螺栓均力紧固（见图2-1-28）。

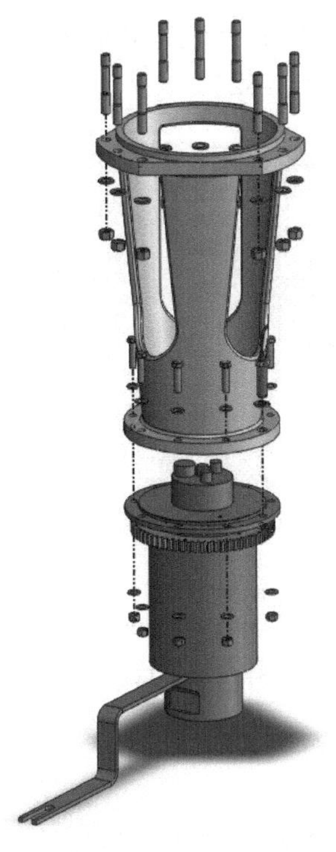

图2-1-27　集电环支架总成

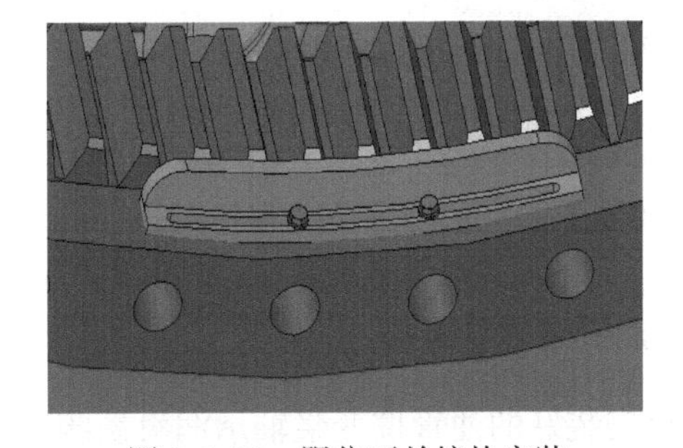

图2-1-28　限位开关撞块安装

17. 限位开关总成安装（3处）

1）清洁安装面，用螺栓、垫圈、螺母将两个限位开关安装在支架上，对称均力紧固。

2）将组装好的限位开关总成用两个螺栓、垫圈与轮毂安装（见图 2-1-29），对称均力紧固。

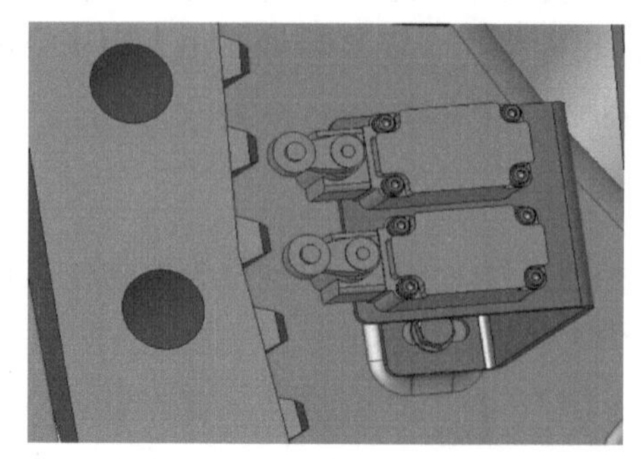

图 2-1-29　限位开关总成安装

18. 零位指示总成安装（3 处）

零位指示标记对位中线，用两个螺栓及垫圈对位轮毂安装孔均力紧固。

19. 避雷总成安装（3 处）

1）将两个铜制螺栓插入连接杆安装孔中，电刷总成插入两个螺钉头部，调整电刷位置，装入垫圈紧固螺栓，螺母紧固（见图 2-1-30）。

2）将外侧绝缘衬套装入连接杆（见图 2-1-31），从轮毂外装入轮毂安装孔中，再与内侧绝缘衬套、垫片螺母、线端子组装，紧固螺栓（见图 2-1-32）。

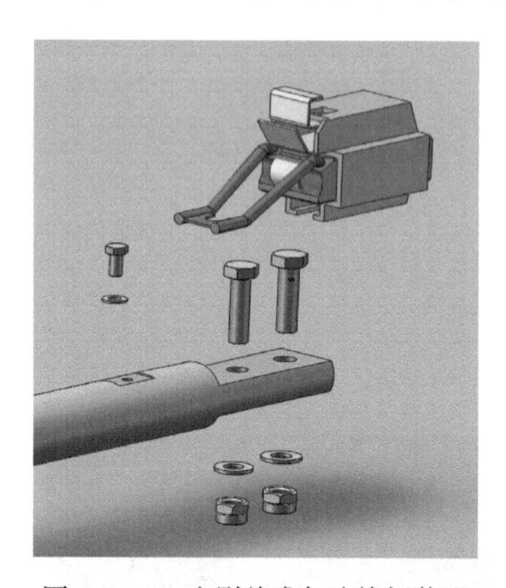

图 2-1-30　电刷总成与连接杆装配

图 2-1-31　避雷总成与轮毂组装图

20. 润滑脂油管连接

将已安装好的油管按变桨轴承润滑系统图连接变桨轴承润滑泵、毡齿轮，接头无泄漏、管道无扭曲、管径无变窄现象，要求专用绑带固定、走线合理美观。

21. 轮毂内电气接线

轮毂内电气接线按电气工艺布线图布线，要求捆扎整齐、美观、线缆标号清晰。

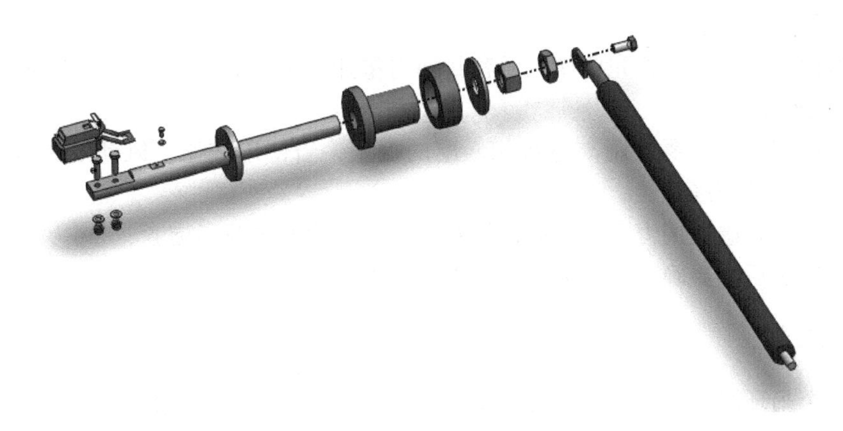

图 2-1-32　避雷总成组装图

1）分别按轮毂电缆接线图接主控柜上的接口线、集电环电缆控制线、高速传感器控制线、限位开关线、变桨驱动电缆线、变桨齿轮润滑泵线。

2）各连线电缆、接线端子标号清晰。

3）对轮毂内电气线路分段检查。

22. 叶片法兰总成安装（3 处）

（1）铆接　将绝缘安装板与弧形接触板按安装孔位置用 16 个抽芯铆钉铆接于一体，铆接后要求平整。

（2）组装避雷线　将铆接后的零件用铜制螺栓与已组装好的叶片避雷导线接线端子连接紧固（见图 2-1-33）。

（3）涂胶　按图 2-1-34 在变桨轴承法兰面安装孔外围位置均匀涂抹 polymax 密封胶，防止雨水渗入。

（4）绝缘板组件安装　将轴承内圈齿面上的淬火软点“S”转到轮毂顶部，对位预装螺孔位置，从轮毂内往外看，在叶片法兰上按淬火软点“S”位置顺时针方向第 8 个绝缘板安装孔位置组装绝缘板组件（见图 2-1-35）。

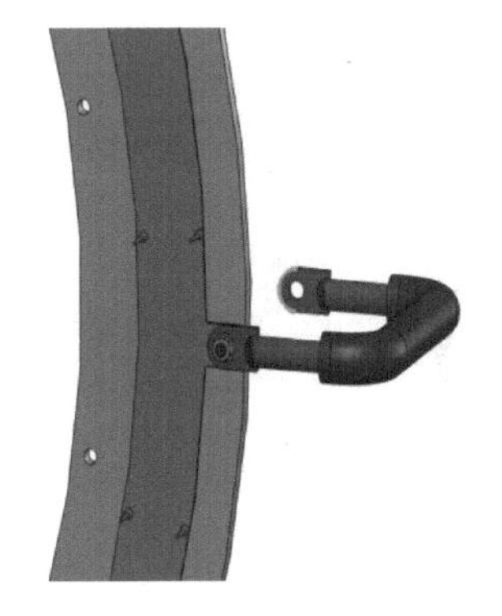

图 2-1-33　绝缘板组装

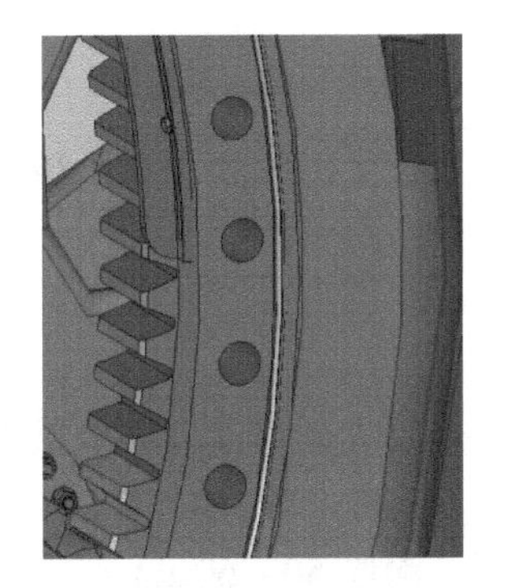

图 2-1-34　涂密封胶

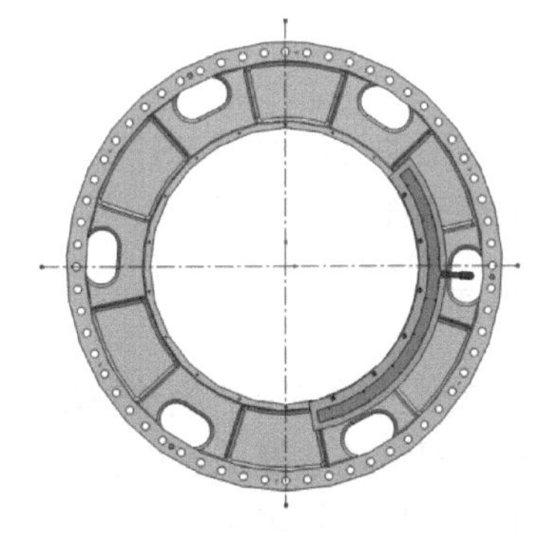

图 2-1-35　叶片法兰总成装配调试

（5）法兰总成的安装

1）连接两个法兰时，首先要使法兰密封面与垫片均匀压紧，由此保证靠同等的螺栓应力对法兰进行连接。

2）在紧固螺栓时，要使用与螺母相匹配的扳手，当使用液压、风动工具进行紧固时，注意不要超过规定的力矩。

3）紧固法兰要避免用力不匀，应按照对称、交叉的方向顺序旋紧。

4）法兰安装后，要确认所有的螺栓、螺母紧固均匀。

23. 顶罩安装

1）将3个吊环螺栓、垫圈、螺母置于顶罩3个安装孔内，起重机吊至轮毂顶部，取去吊环螺栓。

2）将顶罩3个安装孔对位轮毂安装位置，将螺栓螺纹段均匀涂抹锁固胶装入垫片，拧入安装孔均力紧固，检查顶罩底边距轮毂顶部间隙。

24. 绝缘板与电刷安装调试（3处）

调整电刷位置，电刷被压缩后保证刷架端面距弧形接触板距离为1.5～2mm（见图2-1-36）。

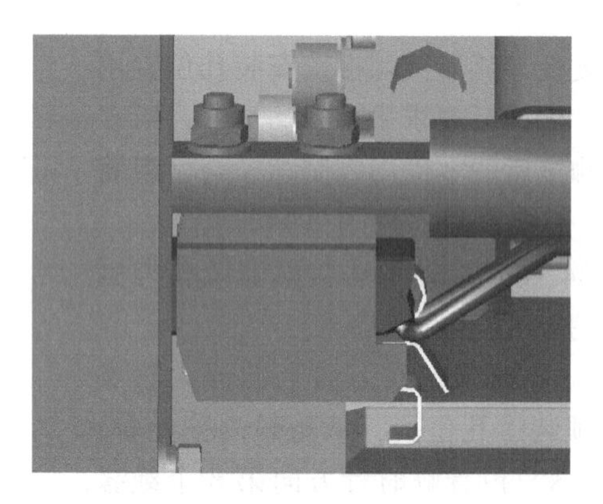

图2-1-36　电刷与弧形接触板安装位置

25. 清理

1）对轮毂表面油污处使用ES－323清洗剂清洗，并用拧干的湿布擦拭干净。

2）对于缺漆表面进行补漆。

26. 防锈处理

1）用ES－323清洗剂清洁变桨轴承齿轮、小齿轮及金属表面污渍，并擦拭干净。

2）用干净布浸清洁水擦拭表面，干净棉布擦拭干净。

3）待表面干燥后，均匀刷涂TECTYL RV342防锈剂，涂厚50～60μm。

4）涂层表面不得擦拭。

27. 轮毂运输架安装

1）检查轮毂运输架4个8.8级螺栓是否能拧入螺孔中，如果不能拧到底，需要对螺孔进行攻螺纹。

2）用起重机吊起轮毂总成，安装底部挡尘盖及包装袋，再落位轮毂运输架上，保证螺孔对位准确，拧紧连接螺栓，用扭力扳手均力预紧（见图2-1-37）。

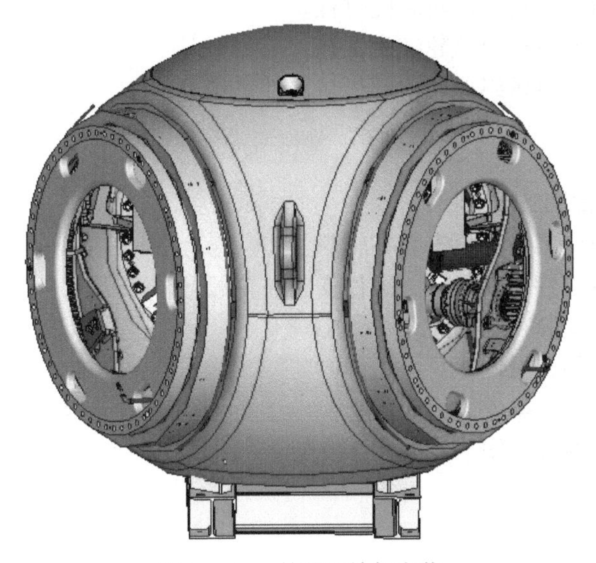

图2-1-37　轮毂运输架安装

28. 包装待运

1）装上轮毂孔防尘盖板。

2）将变桨电动机、油脂泵装置、集电环、避雷装置、主控柜、电池柜接线盒用塑料膜包装封好。

3）用专用包装袋包装好轮毂总成待运。

四、轮毂主要检查及测试项目

1）3处变桨轴承螺栓组终力矩。

2）变桨驱动总成螺栓终力矩。

3）轮毂主控柜总成橡胶弹性支撑螺栓最终力矩。

4）高速传感器底面距集电环齿轮端面间隙 h 为 $1.0\text{mm} < h < 1.5\text{mm}$。

5）变桨驱动装置齿轮啮合间隙为0.35～0.56mm。

6）避雷装置电刷压缩后刷架与弧形接触板距离为1.5～2mm。

7）管路检查：要求整齐美观，圆滑过渡，不得有渗漏、扭曲、滑扣、通油管径变窄现象。

8）检查轮毂与发电机连接安装孔中心距，应有合格记录。

9）检查变桨轴承与叶片连接孔中心距，应有合格记录。

❖ 任务实训

一、实训目的

1）理解直驱风力发电机组风轮机械结构。
2）理解直驱风力发电机组机械器件组成。
3）掌握直驱风力发电机组风轮装配过程。
4）掌握直驱风力发电机组风轮装配工艺。
5）理解直驱风力发电机组风轮内部机械器件工作原理。

二、实训内容

1）完成轮毂与轮毂工装的组装。
2）将变桨轴承与变桨电动机安装在轮毂上。
3）将变桨编码器组件与限位开关组件安装在轮毂上。
4）将变桨控制柜安装在轮毂上。
5）完成变桨系统的机械调试。
6）将导流罩上、下支架安装在轮毂上。
7）将导流罩安装在导流罩上支架、下支架上。

三、实训器材

1. 风轮装置零部件

本实训进行风力发电机组安装与调试实训设备风轮的装配，其主要零部件见表 2-1-4。

表 2-1-4　风轮主要零部件

序　号	名　称	单　位	数　量	型号规格
1	轮毂	件	1	标准配件
2	轮毂工装	件	1	标准配件
3	变桨轴承	件	3	标准配件
4	变桨电动机	件	3	标准配件
5	编码器组件	件	3	标准配件
6	限位开关组件	件	3	标准配件
7	限位开关挡块	件	3	标准配件
8	变桨控制柜	件	3	标准配件
9	导流罩上支架	件	1	标准配件
10	导流罩下支架	件	3	标准配件
11	导流罩	件	1	标准配件

2. 器件工具

风力发电机组安装与调试实训设备所使用的主要工具见表 2-1-5。

表 2-1-5　风轮装配工具

序　　号	名　　称	单　　位	数　　量	型号规格
1	内六角扳手	套	1	M2～M10
2	外六角扳手	件	1	M3
3	棘轮扳手组合套装	套	1	M2～M10
4	扭力扳手	个	1	N－06M（测量范围为1.0～6.0N·m）
5	塞尺	套	1	0.5～0.9mm
6	抹布	件	1	200mm×200mm
7	内六角螺钉	个	24	M2×6
8	内六角螺钉	个	36	M2×8
9	内六角螺钉	个	12	M2×35
10	内六角螺钉	个	6	M4×5
11	外六角螺钉	个	3	M4×12
12	外六角螺栓	个	4	M4×16
13	外六角螺栓	个	21	M4×30
14	外六角螺钉	个	9	M4×35
15	螺母	个	4	M4
16	螺母	个	12	M3

四、实训内容

风力发电机组安装与调试实训设备风轮的装配流程如图 2-1-38 所示。

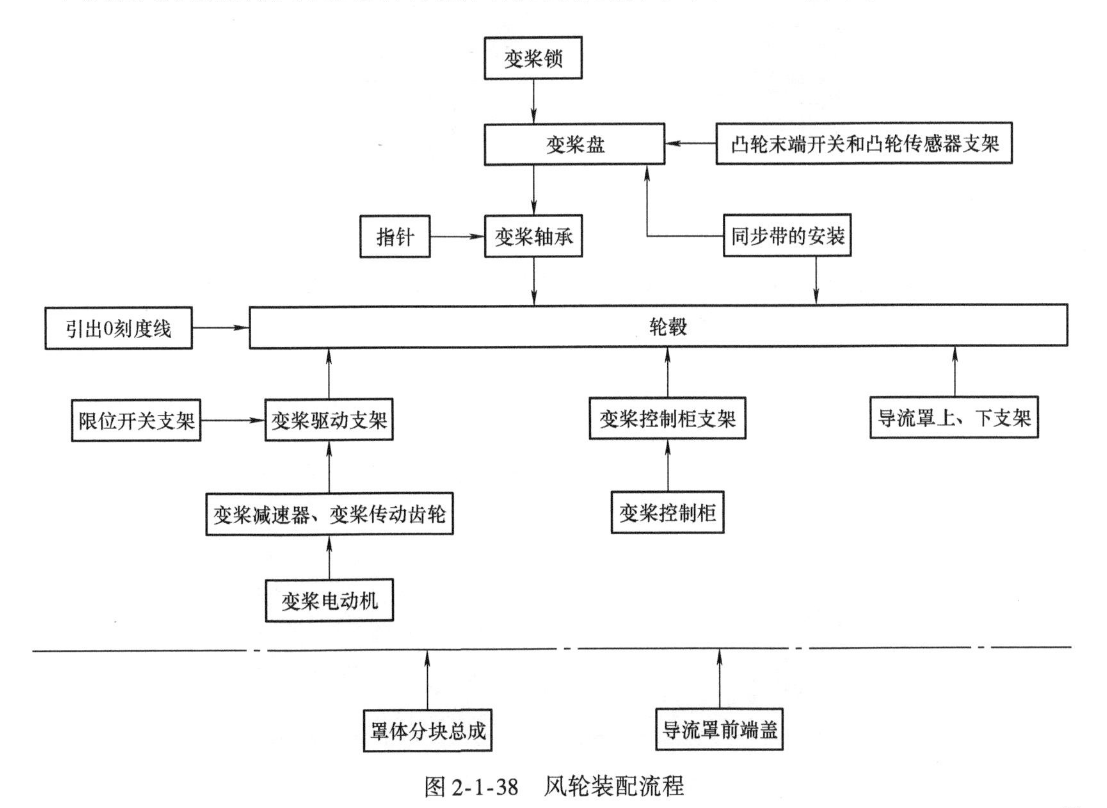

图 2-1-38　风轮装配流程

1. 轮毂安装

1）选取轮毂和轮毂工装（见图 2-1-39）。

图 2-1-39　轮毂及轮毂工装

2）将轮毂工装平稳地放置在工作台上。

3）将轮毂放置在轮毂工装上，将轮毂底面与轮毂工装贴合紧密（见图 2-1-40）。

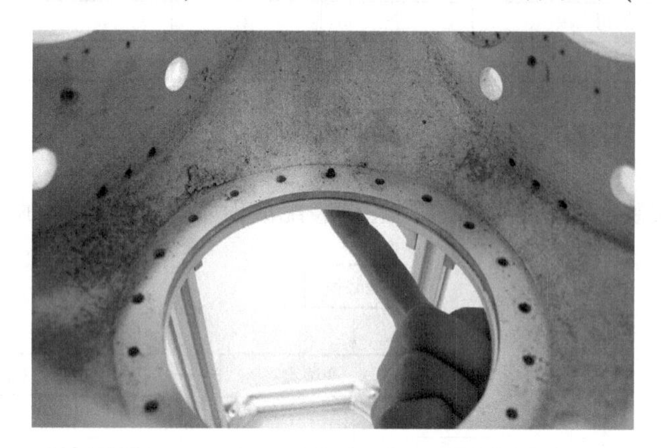

图 2-1-40　轮毂底面与轮毂工装贴合示意图

4）对齐安装孔，并用 4 个 M4 ×16 外六角螺栓从轮毂方向穿过螺孔，4 个螺栓相隔 90°（见图 2-1-41），在下方安装 M4 螺母。

图 2-1-41　4 个螺栓相隔 90°

2. 安装变桨轴承同时安装变桨刻度盘

1）选取变桨轴承（见图 2-1-42），将轴承上面的油污擦拭干净。

图 2-1-42　变桨轴承

2）将变桨轴承放置在轮毂安装面上，对齐安装孔及标记线，将 3 个 M4 ×30 的外六角螺栓在轴承的上侧和下侧左右两边拧入轮毂（见图 2-1-43），同时将刻度盘 90°孔与轴承上方螺孔对齐，与轴承一起安装，稍微预紧。

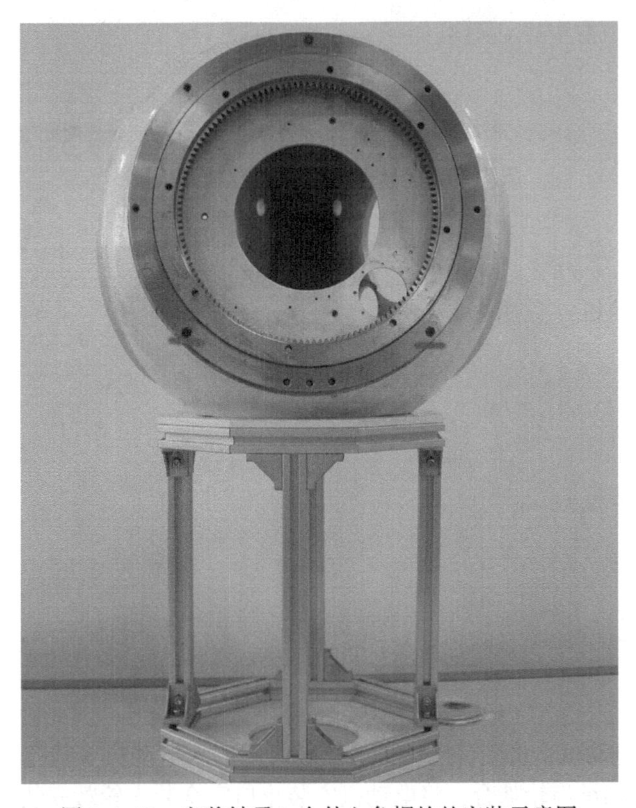

图 2-1-43　变桨轴承 3 个外六角螺栓的安装示意图

3）安装轴承上剩余的7个M4×30外六角螺栓，并将除轴承底部3个螺栓以外的其他7个螺栓预紧（见图2-1-44），之后将轴承底部的3个螺栓拆下（此3个螺孔用于安装导流罩的下支架）。

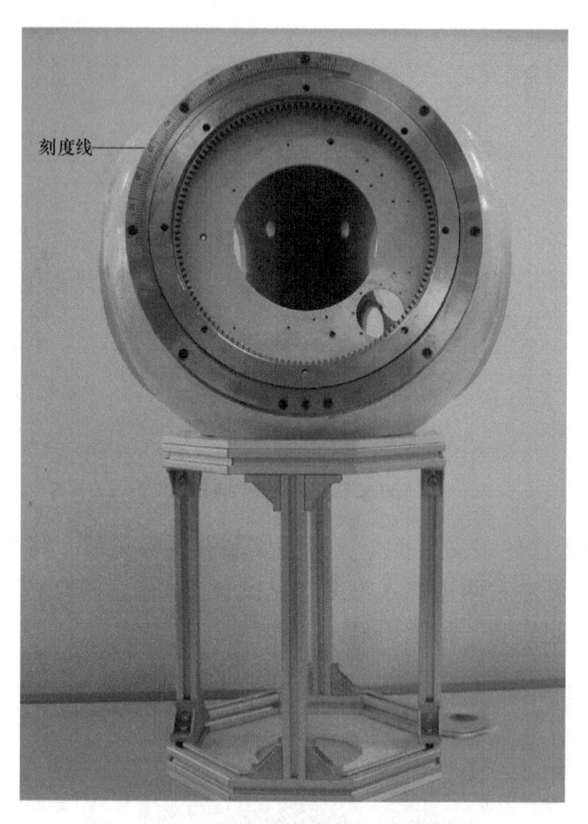

图2-1-44　安装变桨刻度盘及剩余螺栓

3. 变桨电动机安装

1）选取变桨电动机（见图2-1-45）。

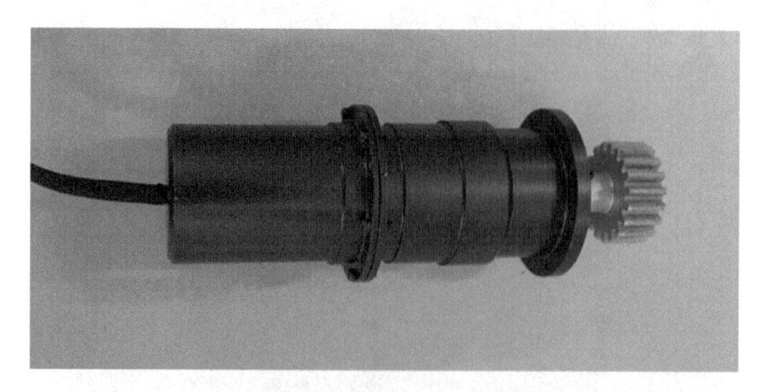

图2-1-45　变桨电动机

2）预安装变桨电动机：将变桨电动机从轮毂内侧插入电动机安装孔，手动旋转变桨轴承内圈，电动机齿轮与轴承齿轮啮合，将电动机安装止口完全装入轮毂安装孔（见图2-1-46）。

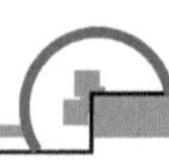

图 2-1-46　预安装变桨电动机

3）检查变桨电动机齿轮端面与变桨轴承齿轮端面是否对齐，如不对齐，需要重新安装变桨电动机小齿轮上的 M2 锁紧螺钉，然后调整齿轮端面位置并锁紧（见图 2-1-47）。

图 2-1-47　安装变桨电动机螺钉

4）安装变桨电动机：对齐电动机与轮毂安装面的螺孔，安装 8 个 M2 ×8 内六角螺钉，预紧。

5）用塞尺测量齿轮间隙：使轴承齿轮与变桨电动机小齿轮啮合，并用塞尺插入啮合齿轮的背面间隙，保证 0.5mm 的塞尺可以插入齿轮间隙，0.75mm 塞尺不能插入齿轮间隙（见图 2-1-48）。

图 2-1-48　变桨电动机安装间隙测量

4. 编码器组件安装

1）选取编码器组件（见图 2-1-49）。

图 2-1-49　编码器组件

2）将编码器组件放置在轮毂安装面上，检查编码器齿轮齿厚中心线与轴承齿轮齿厚中心线基本对齐（见图 2-1-50）。

图 2-1-50　编码器齿轮与变桨轴承齿轮安装

3）安装 4 个 M2×6 内六角螺钉，预紧（见图 2-1-51）。

图 2-1-51　安装编码器螺钉

5. 限位开关挡块安装

1）选取限位开关挡块（见图2-1-52）。

2）将限位开关挡块放置在变桨轴承内圈安装孔上，挡块弧面与轴承弧面重合，用M4的内六角扳手将2个M4×5平圆头内六角螺钉拧入变桨轴承内侧孔，并预紧（见图2-1-53）。

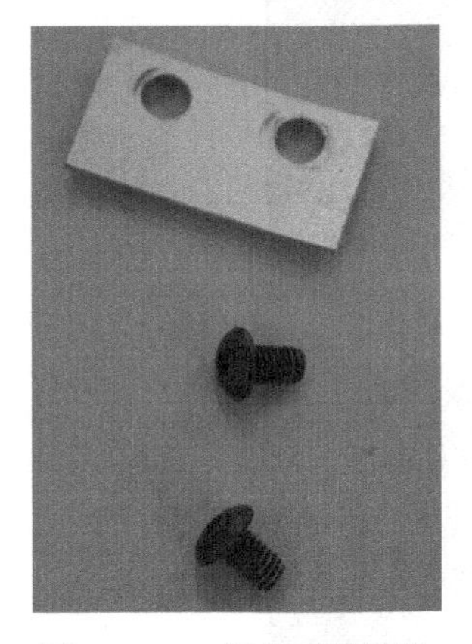

图2-1-52　限位开关挡块

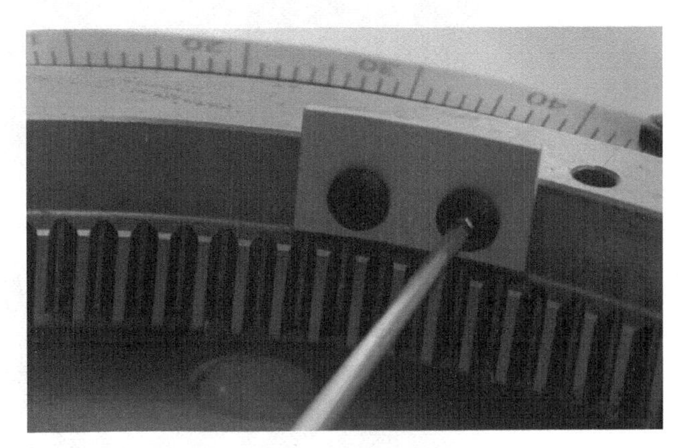

图2-1-53　安装限位开关挡块

6. 限位开关支架组件安装

1）选取限位开关支架（见图2-1-54a）和光纤限位开关（见图2-1-54b）。

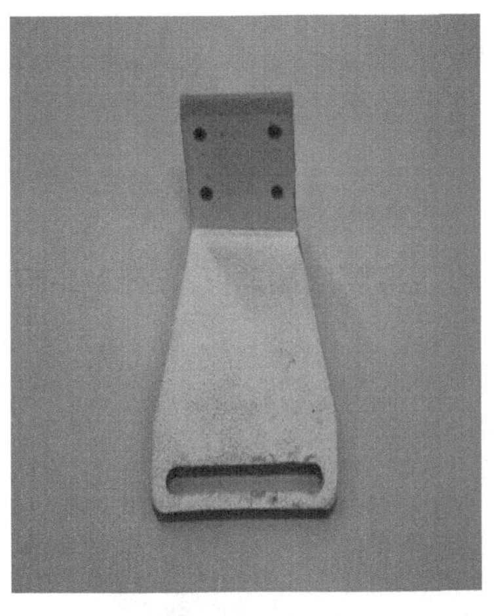

a) 限位开关支架

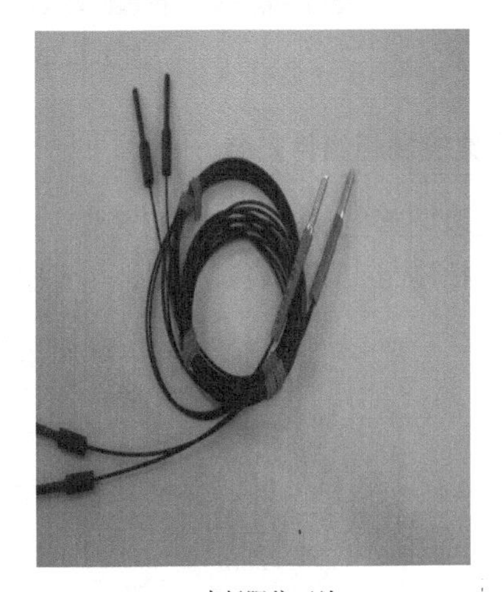

b) 光纤限位开关

图2-1-54　限位开关支架和光纤限位开关

2）将限位开关支架（见图2-1-55）放置在轮毂安装面上，对齐安装孔，用2个M2×6内六角螺钉对角固定限位开关支架。

3）安装其余2个M2×6内六角螺钉并预紧。

4）检查限位开关的M3锁紧螺母是否紧固，限位开关勿伸出过多，以免第一次调试时挡块磕碰限位开关（见图2-1-56）。

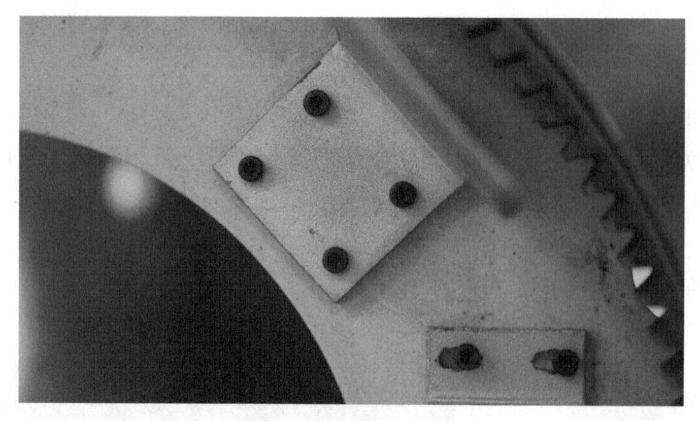

图 2-1-55　安装限位开关支架

图 2-1-56　安装光纤限位开关

7. 变桨控制柜组件安装

1）选取变桨控制柜及控制柜支架。

2）将柜体与支架安装在一起，用 4 个 M2 ×35 内六角螺钉预紧（见图 2-1-57）。

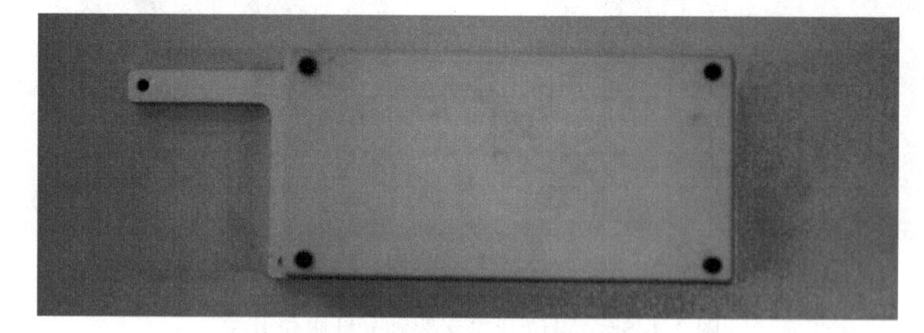

图 2-1-57　变桨控制柜组件

3）将安装好的组件放置在轮毂安装面上，用 4 个 M2 ×8 内六角螺钉预紧（见图 2-1-58）。

8. 安装剩余的两个变桨系统

按照上述步骤 2 ~7 的任务要求，安装剩余的两个变桨系统。

图 2-1-58　安装变桨控制柜组件

9. 导流罩上支架安装

1）选取导流罩上支架（见图 2-1-59）。

图 2-1-59　导流罩上支架

2）将导流罩上支架放置在轮毂上安装面，支架中的短梁与轴承轴线方向对齐，并在短梁上螺孔的位置用 3 个 M4 ×12 外六角螺钉预紧，螺钉相隔 120°（见图 2-1-60）。

10. 导流罩下支架安装

1）选取导流罩下支架（见图 2-1-61）。

2）将导流罩下支架放置在变桨轴承外圈外安装面上，用 3 个 M4 ×35 外六角螺钉预紧（见图 2-1-62）。

3）采取同样方式，安装剩余的两个导流罩下支架。

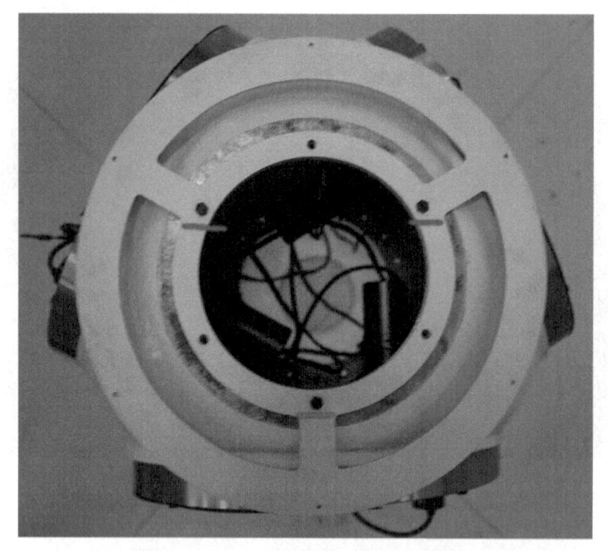

图 2-1-60　安装导流罩上支架

图 2-1-61　导流罩下支架

图 2-1-62　导流罩下支架安装

11. 导流罩安装

1）选取导流罩（见图 2-1-63）。

图 2-1-63　导流罩

2）将导流罩由上方套入轮毂，对齐螺钉孔，用两个 M2×10 内六角螺钉固定（见图 2-1-64）。

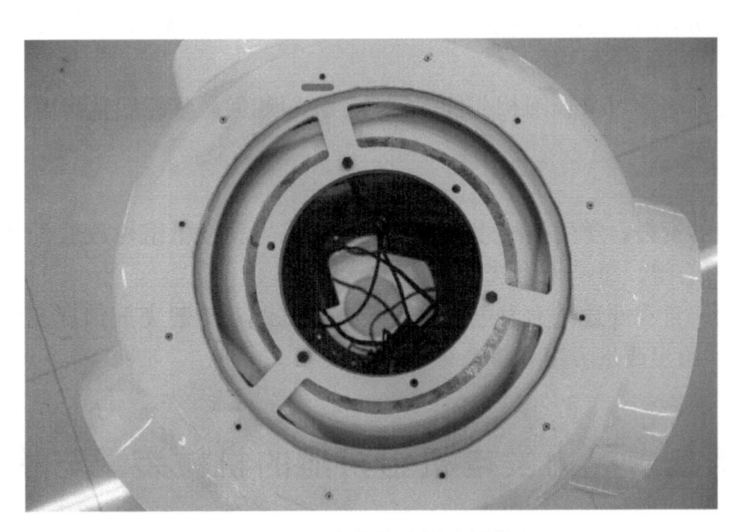

图 2-1-64　安装导流罩上端螺钉

3）安装其余 4 个 M2×10 内六角螺钉并紧固。

4）稍微拧松下支架的 M4×35 外六角安装螺钉。

5）安装导流罩下支架螺钉：导流罩为易变形材料，安装时需要拉动导流罩外檐，对齐安装孔；用 3 个 M2×10 内六角螺钉预固定并紧固；然后紧固导流罩下支架上面的 3 个 M4×35 螺钉（见图 2-1-65）。

6）采取同样方法安装其余两个导流罩下支架的螺钉。

图 2-1-65　安装导流罩下支架螺钉

❖　任务提升与总结

1. 任务提升

1）通过本任务的学习及查阅相关技术资料，说明轮毂变桨轴承的安装方法。

2）通过本任务的学习及查阅相关技术资料，说明如何调整轮毂与变桨轴承的齿轮间隙。

3）通过本任务的学习及查阅相关技术资料，说明如何调整轮毂毡齿轮螺钉间隙。

2. 任务总结

1）根据给定的资料，学生按小组分工撰写直驱风力发电机组轮毂装配实施方案（报告书或 PPT）和学习心得。每一小组选派一人进行汇报。

2）小组讨论，自我评述风力发电机组安装与调试设备轮毂完成情况及实施过程中发生的问题，小组共同给出改进方案和提高效率的建议。

任务二　风力发电机组机舱的机械装配与检测

❖　任务要求

兆瓦级直驱风力发电机组的机舱主要结构有机舱铸件、气象站、通风冷却系统、发电机进风口、主轴承进风口、液压系统、机舱控制柜、偏航阻尼系统、偏航驱动（电动机）、偏航轴承、自动提升装置、整流罩（机舱尾罩）等，本任务就是根据风力发电机组机舱的装配工艺文件，完成兆瓦级直驱风力发电机组机舱的车间装配。

❖　任务资讯

一、机舱的结构

偏航系统是水平轴风力发电机组必不可少的组成系统之一，作为直驱风力发电机组偏航系统的载体——机舱，其主要结构有机舱铸件、气象站、通风冷却系统、发电机进风口、主轴承进风口、液压系统、机舱控制柜、偏航阻尼系统、偏航驱动（电动机）、偏航轴承、自动提升装置、整流罩（机舱尾罩）等，具体如图 2-2-1 所示。

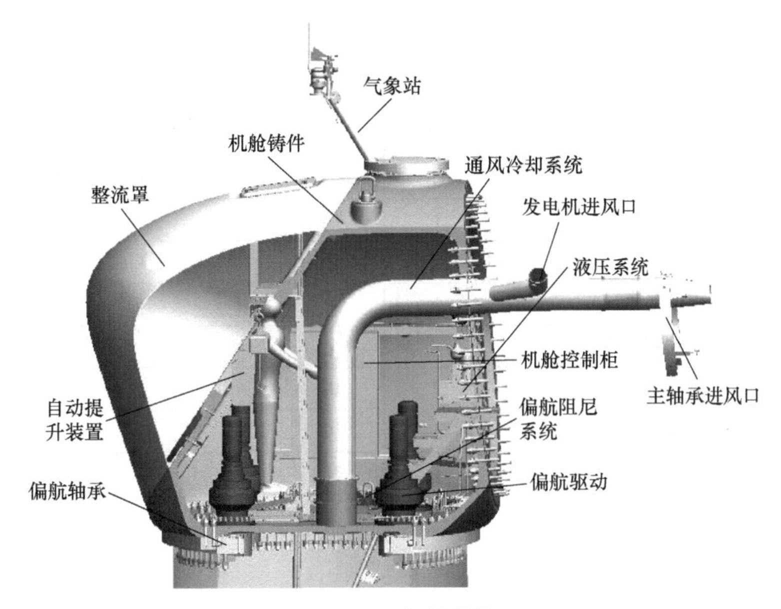

图 2-2-1　机舱结构

二、机舱装配的零部件、工具及材料

1. 机舱总成的主要零部件

直驱风力发电机组机舱总成的主要零部件见表 2-2-1。

表 2-2-1　机舱总成的主要零部件清单

序号	名　称	数量	单位	备　注
1	机舱铸件	1	个	
2	偏航轴承	1	个	
3	机舱与偏航轴承连接螺栓	83	个	不同机型数量会有差别
4	偏航电动机	4	个	不同机型数量会有差别
5	偏航驱动连接螺栓	96	个	不同机型数量会有差别
6	机舱罩总成	1	套	
7	爬梯总成	1	套	

（续）

序号	名　　称	数量	单位	备　　注
8	照明系统	1	套	
9	起重机梁系统	1	套	
10	机舱罩密封垫	1	个	
11	顶盖及气象站	1	套	
12	吊环螺钉 M20	1	个	
13	发电机与机舱连接螺栓	60	个	不同机型数量会有差别
14	机舱控制柜总成	1	套	
15	液压单元	1	个	
16	发电机楼梯	1	个	
17	偏航制动液压管路	1	个	
18	偏航制动单元	16	个	不同机型数量会有差别
19	地板总成	1	套	
20	偏航轴承与塔筒连接螺栓	90	个	不同机型数量会有差别
21	电缆楼梯	1	个	
22	解缆传感器装置	1	个	
23	右侧油脂刮板	3	块	
24	左侧油脂刮板	3	块	
25	通风系统	1	套	

2. 设备及工具器件

直驱风力发电机组机舱机械装配所需的主要设备及工具器件见表2-2-2。

表2-2-2　机舱装配所需主要设备及工具器件

序号	名　　称	数量	单位	备　　注
1	起重机	1	台	32t
2	叉车	各1	辆	2t、5t
3	空气压缩机	1	台	0.5～0.7MPa
4	液压扭力扳手组套	2	套	
5	3/4in 扭力扳手	2	个	300～800N·m
6	1/2in 扭力扳手	1	个	60～320N·m
7	特殊扭力扳手	1	个	100～500N·m
8	偏航轴承安装导销	4	个	
9	机舱装配支架	1	个	
10	机舱工作楼梯	2	个	
11	木制工作楼梯	1	个	
12	机舱罩叠放工装	1	个	

（续）

序号	名　　称	数量	单位	备　　注
13	机舱运输架	1	个	
14	标准件配送车	1	辆	960mm×610mm×1110mm
15	枕木	2	根	140mm×140mm×3000mm
16	厚塑料垫	2	个	20mm×1000mm×1500mm
17	吊环	3	个	1.5t
18	吊带	3	副	2t，3m
19	吊带	3	副	5t，3m
20	吊带	3	副	20t，4m
21	机舱回转吊具	2	件	20t
22	D型锁扣	3	个	
23	正反转控制器	1	个	
24	电动冲击扳手	2	个	
25	3/4in 六方套筒	各1	个	50mm，55mm
26	棘轮开口梅花扳手	1	套	7mm，8mm，9mm，10mm，11mm，12mm，13mm，14mm，17mm，19mm，22mm，24mm，27mm，30mm，32mm，36mm，41mm，46mm，50mm，55mm
27	开口梅花扳手	1套	套	7mm，8mm，9mm，10mm，11mm，12mm，13mm，14mm，17mm，19mm，22mm，24mm，27mm，30mm，32mm，36mm，41mm，46mm，50mm，55mm，75mm
28	内六角扳手	1	套	6~30mm
29	一字螺钉旋具	1	套	
30	球头内六方螺钉旋具	1	套	6~30mm
31	棘轮套筒扳子组套	1	套	组合
32	手电钻、钻头	1	套	0~13mm
33	手用丝锥及绞杠	1	套	M33，M24，M20，M16，M12，M10
34	气枪	1	个	
35	ϕ125 角磨砂轮机	1	台	SIM-FF-125A
36	砂带角磨片	2	个	ϕ125mm×4mm
37	砂轮切割片	1	个	4in
38	手动葫芦	1	套	1.5t
39	塞尺	2	套	0.01~1mm
40	油漆刷	2	套	2in
41	打胶枪	1	套	

3. 辅助材料

直驱风力发电机组机舱装配所需的辅助材料见表2-2-3。

表2-2-3　机舱装配辅助材料清单

序号	名　　称	数量	单位	备　　注
1	可赛新高效清洗剂	1	瓶	
2	黄袍清洗剂	1	kg	
3	防锈剂	0.5	L	
4	防锈油	0.5	L	
5	螺纹锁固胶	1	支	
6	攻螺纹润滑液	0.5	kg	
7	螺栓润滑脂	0.5	kg	MoS_2
8	玻璃胶密封胶	0.2	kg	
9	表面灰色胶布	1	卷	20mm宽
10	油漆笔	各1	支	红、蓝、绿、黑
11	透明胶带	1	卷	60mm宽
12	除锈去漆角磨片	1	个	ϕ100mm
13	防锈锌喷剂	80	mL	

三、机舱装配的工艺流程

机舱装配总成工序流程如下：清理机舱铸件→吊运机舱加工件→安装机舱控制柜总成→安装偏航轴承→安装偏航驱动→安装偏航制动单元→安装左右侧油脂刮→安装地板总成→安装通风系统→安装机舱液压单元→安装发电机楼梯→安装液压系统及润滑系统管路→安装起重机梁总成及照明系统→安装爬梯→贴密封垫→安装机舱尾罩总成→安装解缆传感器→安装灭火器→组装电缆爬梯→试装机舱顶盖及气象站总成→装配后清理→包装待运。

1. 吊运机舱加工件

在机舱两处吊耳位置连接吊带、卸扣，使用起重机将机舱吊运至装配枕木上。

1）机舱加工件（见图2-2-2）安装吊带时需注意卸扣、吊带连接可靠，避免因为松动造成机舱从吊带上脱落，导致人身安全遭到威胁。

2）机舱加工件放至枕木上时，应检查枕木是否在机舱铸件边缘位置，保证机舱在枕木上是平稳的。

2. 安装机舱控制柜总成

1）先将机舱控制柜支架装入机舱（见图2-2-3），然后使用叉车配合起重机将机舱控制柜运至机舱控制柜支架相配位置，使用螺栓、螺母进行紧固，并标识。

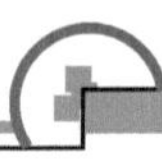

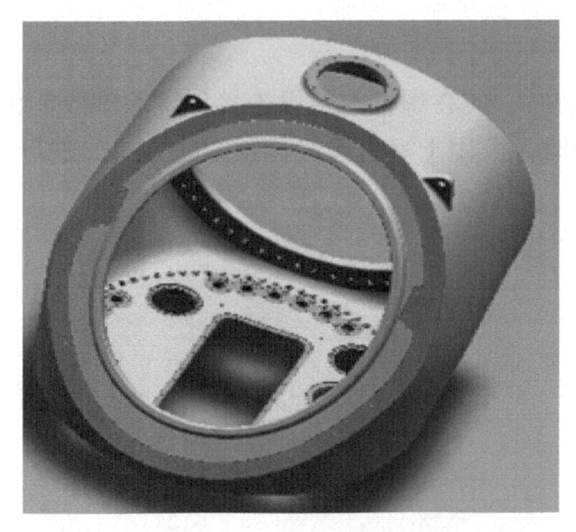

图 2-2-2　机舱加工件

2）装控制柜时应首先通过起重机，将控制柜吊运至机舱内，然后再将吊带穿过机舱顶部孔，将控制柜吊起，通过吊带辅助，将控制柜放到机舱控制柜支架上。

3）注意拧入铸件的螺栓需要涂螺纹锁固胶，一般情况下规定，M20 以下拧入铸件的单头螺栓，需涂螺纹锁固胶，防止在运行过程中导致零部件脱落。若单头螺栓通过锁紧螺母拧紧，则不再需要锁固胶，因为锁紧螺母本身具备自锁性能。

图 2-2-3　机舱控制柜安装

3. 安装偏航轴承

1）使用起重机连接吊带、卸扣将机舱加工件吊装至轴承相配位置（见图 2-2-4），使用螺栓紧固，通过液压扳手进行预紧，力矩分别调整为螺栓额定值的 50%、75%、100%，并进行标识。

2）偏航轴承在落位到机舱装配支架上时，应注意轴承软点（装球点）与机舱和发电机的结合面成 90°角，避免风机在运行时，轴承软点位于风机主风向位置，进而影响轴承寿命。

3）机舱加工件落位时，应注意使用导销定位，使轴承与机舱加工件对中，且机舱落位至距离轴承 50～80mm 时，停顿机舱，使轴承与机舱加工件最大限度地对中，以确保偏航驱动顺利装配。

4）偏航轴承螺栓安装时，应在螺栓与螺母连接位置涂螺纹润滑脂，保证螺栓摩擦系数符合设计要求，预紧力矩时，采用十字交叉对称预紧的方式，进行三轮预紧。

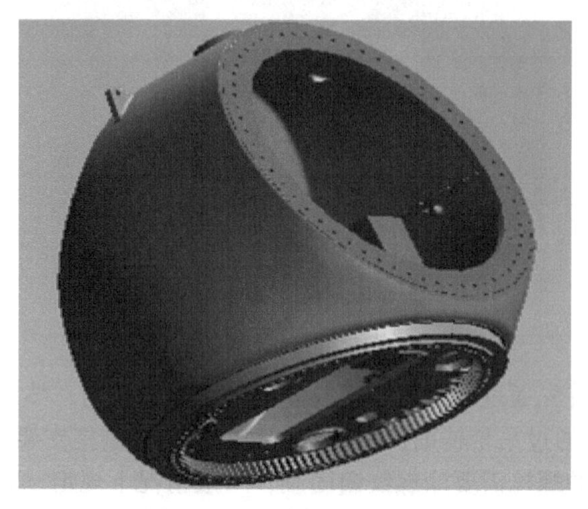

图 2-2-4　机舱轴承安装

4. 安装偏航驱动

1）使用起重机、吊带及卸扣，吊装偏航驱动至机舱相配位置（见图 2-2-5），并调整齿轮间隙，完成之后，使用扭力扳手将连接螺栓紧固，按照 75%、100% 额定预紧力进行两次预紧，并进行标识，然后将油脂收集盒装入，并使用螺栓紧固标识。

2）偏航驱动安装时，应在驱动落位之后、螺栓预紧之前调整驱动齿轮与偏航轴承齿轮的侧隙，调整时使用正反转控制器，将偏航轴承绿齿位置与偏航驱动小齿轮啮合，使一侧靠紧，再检查另一侧，两侧均满足要求后，对螺栓进行预紧。

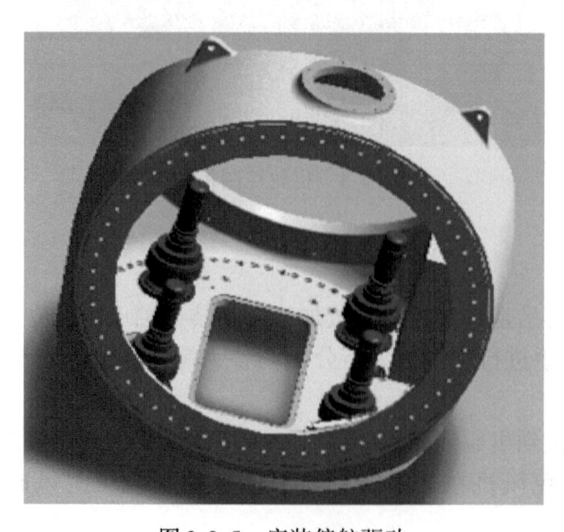

图 2-2-5　安装偏航驱动

5. 安装偏航制动单元

1）分别将偏航制动片、压柱、制动缸装入机舱相配位置（见图2-2-6）。

2）完成之后，使用扭力扳手将连接螺栓紧固，分别按照50%、75%、100%额定预紧力进行三次预紧，并进行标识。

3）安装偏航制动单元时，应注意保证制动单元的清洁性。

图2-2-6　安装偏航制动单元

6. 安装左右侧油脂刮

分别将左右各三片油脂刮装至机舱相配位置（见图2-2-7），使用扳手紧固，并标记。

图2-2-7　安装油脂刮

7. 安装地板总成

使用叉车将机舱地板前段、机舱地板后段装入机舱相配位置（见图2-2-8），然后将舱口盖、板条、电缆夹等部件装入，并使用扭力扳手将其紧固，并标记。

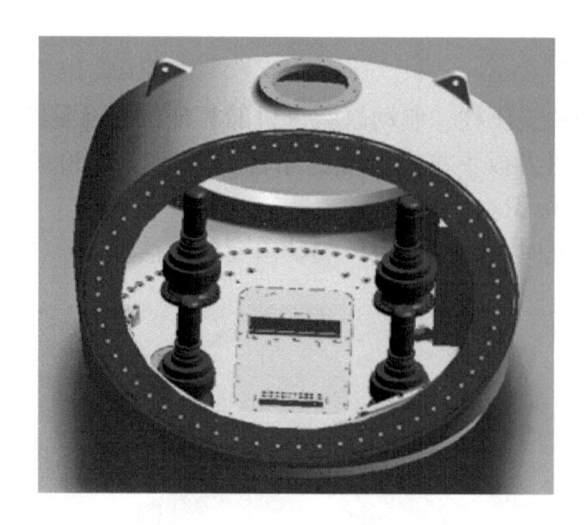

图 2-2-8　安装地板

8. 安装通风系统

1）按照顺序将通风机、主管道等部件装入机舱相配位置，调整通风管方向，使用扭力扳手将其紧固，并标记（见图 2-2-9）。

2）通风机管路与机舱发电机接口有一定角度（向内约 8°），通过调整螺栓对正角度，即可使角度满足要求。

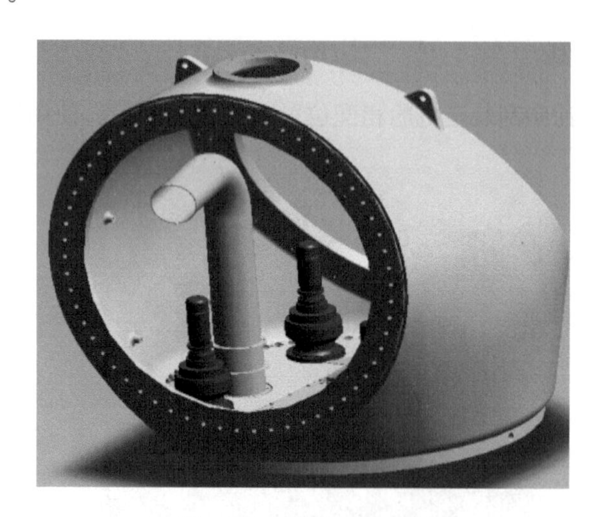

图 2-2-9　安装通风系统

9. 安装机舱液压单元

1）先将液压单元角钢、液压站支架装入机舱相配位置，然后将液压单元其他部件按照要求装入相配位置，并使用螺栓进行紧固，拧紧扭力扳手并进行标记（见图 2-2-10）。

2）吊装液压站时需注意吊车与人配合，将液压站拉入液压站支架内，再进行定位，且螺栓需涂螺纹密封胶，避免在运行过程中产生漏油的现象。

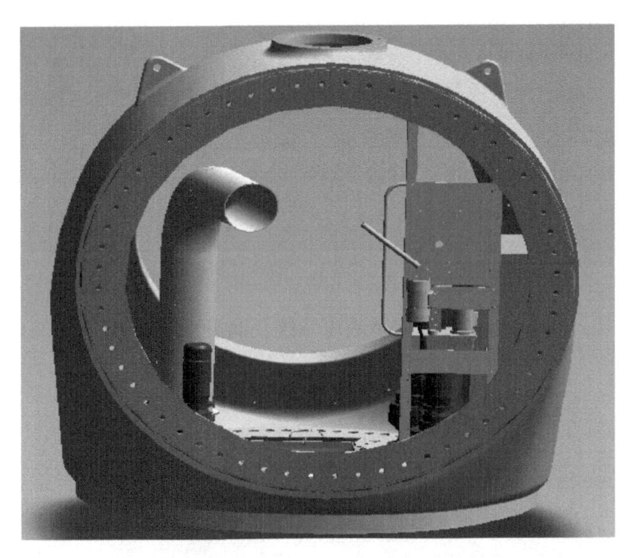

图 2-2-10　安装液压单元

10. 安装发电机楼梯

先将发电机楼梯支撑部件装入机舱相配位置，然后将发电机楼梯进行组装并吊入相配位置，使用螺栓进行紧固，按照要求力矩预紧并标记（见图 2-2-11）。

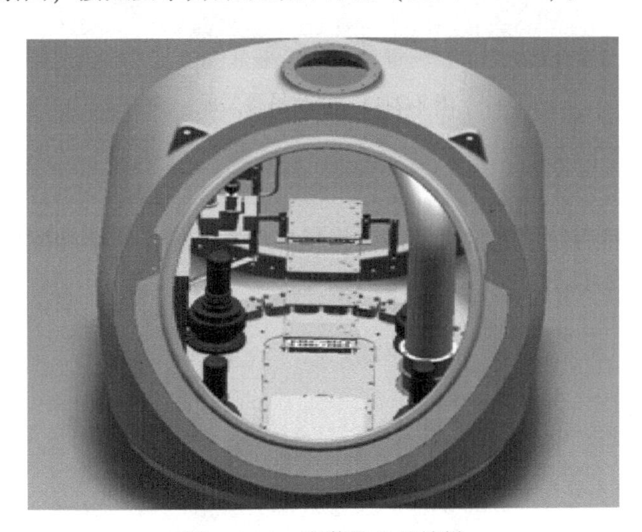

图 2-2-11　安装发电机楼梯

11. 安装液压系统及润滑系统管路

按照要求安装液压系统及润滑系统管路，要求管路连接整齐美观、无泄漏（见图 2-2-12）。

12. 安装起重机梁总成及照明系统

使用起重机及两根吊带，将起重机梁吊运至机舱相配位置，然后将照明系统装至起重机梁上，使用扭力扳手拧紧各连接螺栓并标记（见图 2-2-13）。

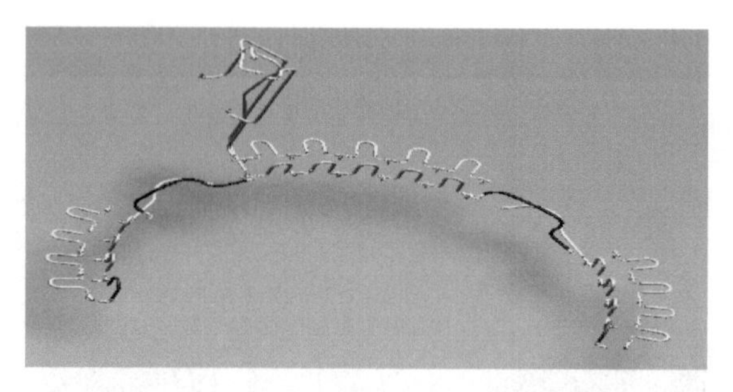

图 2-2-12　安装液压系统及润滑系统管路

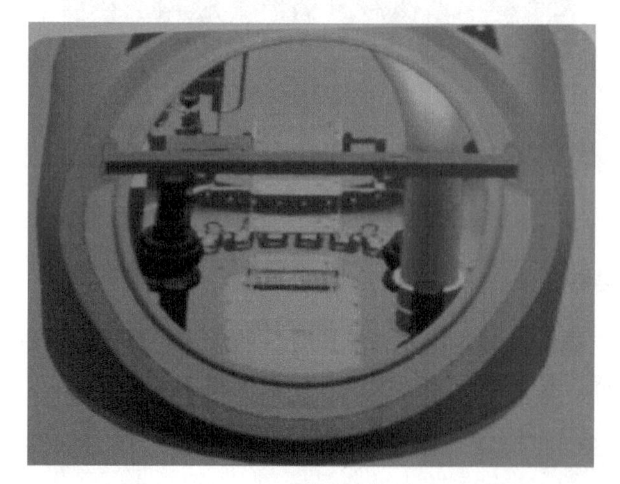

图 2-2-13　安装吊梁总成

13. 安装爬梯

组装爬梯部件，然后使用起重机及吊带将爬梯吊入机舱吊车梁相配位置，使用螺栓进行紧固并标记（见图 2-2-14）。

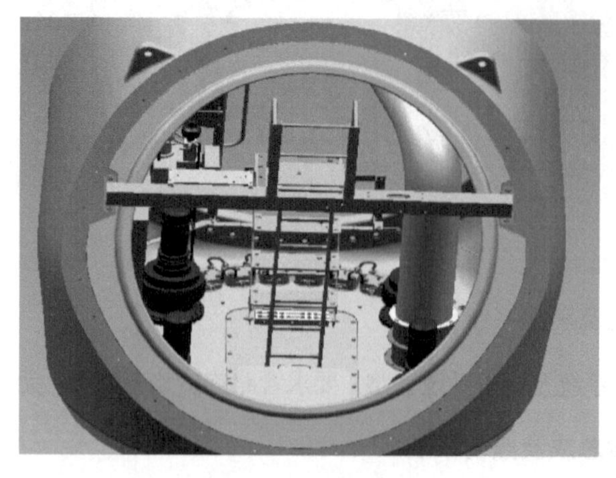

图 2-2-14　安装爬梯

14. 贴密封垫

分别贴装机舱与尾罩结合面密封垫以及机舱与发电机结合面密封垫。贴密封垫时注意，密封垫接口应在下方（见图 2-2-15）。

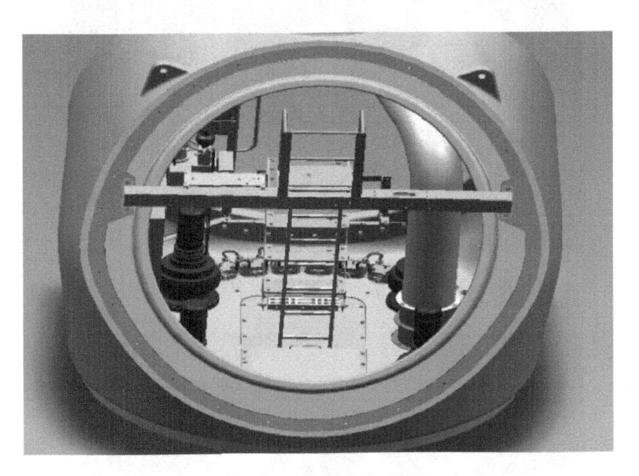

图 2-2-15　贴密封垫

15. 安装机舱尾罩总成

在机舱尾罩顶面装入吊环，使用起重机连接卸扣吊带将其装入机舱相配位置，使用螺栓紧固并标记（见图 2-2-16）。

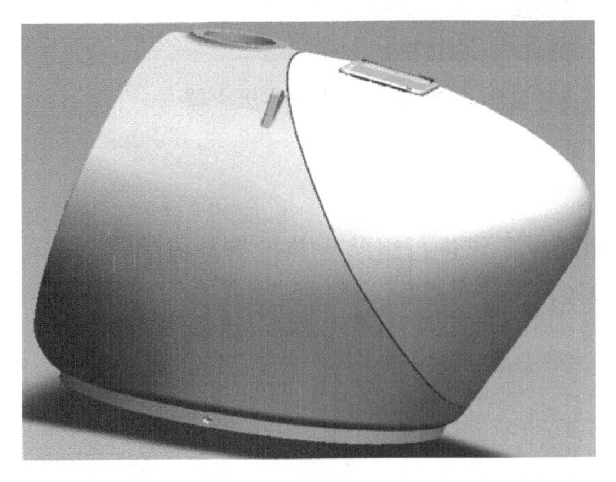

图 2-2-16　安装机舱尾罩总成

16. 安装解缆传感器

将解缆传感器组装，然后装入机舱相配位置，使用螺栓紧固并标记（见图 2-2-17）。

17. 安装灭火器

将灭火器支架装入机舱走线支架上，使用螺栓紧固并标记，然后将灭火器装入，并使用扎带扎紧（见图 2-2-18）。

图 2-2-17　安装解缆传感器

图 2-2-18　安装灭火器

18. 组装电缆爬梯

将电缆爬梯组件按照图样要求进行组装，并检查与机舱连接部位尺寸是否合格，检查完成之后进行封装（见图 2-2-19）。

图 2-2-19　组装电缆爬梯

19. 安装机舱顶盖及气象站总成

将机舱顶盖各组件装至机舱顶部，然后将气象站装至其上，并检查各处配合是否可靠，完成之后将其拆下，并封装（见图2-2-20）。

图2-2-20　安装机舱顶盖及气象站总成

20. 装配后清理

清理机舱总成表面污渍，对油漆、涂层破损表面进行修补，对齿轮啮合表面进行防锈，机舱总成吊至机舱运输架上并用螺栓紧固。

21. 包装待运

1）待偏航系统电气接线完成后装上机舱孔防尘盖布。
2）将偏航驱动电机、油脂泵装置、机舱控制柜、液压泵、接线盒用塑料膜包装封好。
3）用专用包装袋包装好机舱总成待运。

四、机舱主要检查及测试项目

1）偏航轴承螺栓组终力矩。
2）偏航驱动总成螺栓终力矩。
3）偏航主控柜总成橡胶弹性支撑螺栓最终力矩。
4）解缆传感器底面距偏航轴承的端面间隙。
5）偏航驱动装置齿轮啮合间隙为0.35～0.56mm。
6）检查管路，要求整齐美观，圆滑过渡，不得有渗漏、扭曲、滑扣、通油管径变窄现象。
7）检查机舱与发电机连接安装孔中心距，应有合格记录。
8）检查偏航轴承与机舱底座连接孔中心距，应有合格记录。

❖ 任务实训

一、实训目的

1）理解直驱风力发电机组机舱机械结构。
2）理解直驱风力发电机组机舱内部机械器件组成。
3）掌握直驱风力发电机组机舱装配过程。
4）掌握直驱风力发电机组机舱装配工艺。
5）理解直驱风力发电机组机舱内部机械器件工作原理。

二、实训内容

1）完成底盘与机舱倒置工装的组装。
2）将偏航轴承安装在底盘上，然后将制动盘（或称摩擦盘）安装在偏航轴承上。
3）将制动器垫块安装在底盘上，然后将制动器安装在制动器垫块上。
4）将电刷组件安装在底盘上。
5）将机舱罩支架安装在底盘上。
6）翻转底盘，将底盘与机舱正置工装进行组装。
7）将偏航电动机安装在底盘上。
8）将润滑泵、液压站及机舱控制柜安装在底盘上。
9）完成偏航系统的机械调试。
10）将机舱罩安装在左、右的机舱罩支架上。

三、实训器材

1. 机舱零部件清单

本实训进行风力发电机组安装与调试设备机舱的装配，机舱的主要零部件见表2-2-4。

表2-2-4　机舱主要零部件

序　　号	名　　称	数　　量	单　　位	型号规格
1	底盘	1	件	标准配件
2	底盘正置工装	1	件	标准配件
3	底盘倒置工装	1	件	标准配件
4	偏航轴承	1	件	标准配件
5	偏航电动机	2	件	标准配件
6	定位开关组件	1	件	标准配件
7	机舱控制柜	1	件	标准配件
8	润滑泵	1	件	标准配件

（续）

序　号	名　称	数　量	单　位	型号规格
9	液压站	1	件	标准配件
10	机舱罩上支架	4	件	标准配件
11	机舱罩下支架	4	件	标准配件
12	机舱罩左罩	1	件	标准配件
13	机舱罩右罩	1	件	标准配件
14	机舱罩上罩	1	件	标准配件

2. 器件工具

风力发电机组安装与调试设备机舱装配所使用的主要工具见表2-2-5。

表2-2-5　机舱装配工具

序　号	名　称	数　量	单　位	型号规格
1	内六角扳手	1	套	M2 ~ M10
2	外六角扳手	各1	个	M3、M4
3	棘轮扳手组合套装	1	套	M2 ~ M10
4	扭力扳手	1	个	N－06M （测量范围为1.0 ~ 6.0N·m）
5	塞尺	1	套	0.5 ~ 0.9mm
6	抹布	1	块	200mm × 200mm
7	吊环	3	个	M4
8	内六角螺钉	8	个	M2 × 6
9	内六角螺钉	14	个	M2 × 8
10	内六角螺钉	32	个	M2 × 10
11	内六角螺钉	8	个	M2 × 20
12	内六角螺钉	10	个	M2 × 25
13	内六角螺钉	4	个	M2 × 35
14	内六角螺钉	32	个	M3 × 55
15	内六角螺钉	3	个	M4 × 16
16	外六角螺钉	4	个	M4 × 25
17	外六角螺钉	24	个	M4 × 30
18	螺母	4	个	M3

四、实训步骤

1. 实训设备机舱的结构认识

风力发电机组安装与调试设备的机舱包含机舱底盘、控制柜、偏航轴承、偏航制动盘、偏航制动器、液压系统、润滑系统等。

（1）制动系统　直驱风力发电机组采用液压制动方式，其液压制动器（即偏航制动器）安装在偏航制动盘上，偏航停止时刹闸，偏航启动时松闸，主要用于将机组保持在迎风位置。

（2）机舱底盘　机舱底盘采用铸件结构，可将风轮和发电机的静态和动态载荷传递到塔架上。

（3）机舱罩　外表面为白色胶衣，内部为玻璃钢结构。胶衣保护树脂不受紫外线分解，防止玻璃钢的老化。玻璃钢用以保护机舱内部零部件不受冰雹等冲击破坏，机舱各片体连接处有密封胶条并在外部涂机械密封胶，防止雨、雪进入机舱内部。

（4）偏航系统　机组采用主动偏航对风的设计。在机舱后部设置两个相互独立的传感器——风速仪和风向标。风向标的信号反映出风机与主风向之间的偏离，当风向持续发生变化时，控制器根据风向标传递的信号控制两个偏航驱动装置转动机舱对准主风向。偏航轴承采用四点接触球轴承，以增加整机的运转平稳性，增强抗冲击载荷能力。

2. 机舱装配工艺流程

风力发电机组安装与调试设备机舱的装配流程如图 2-2-21 所示。具体工艺流程如下：

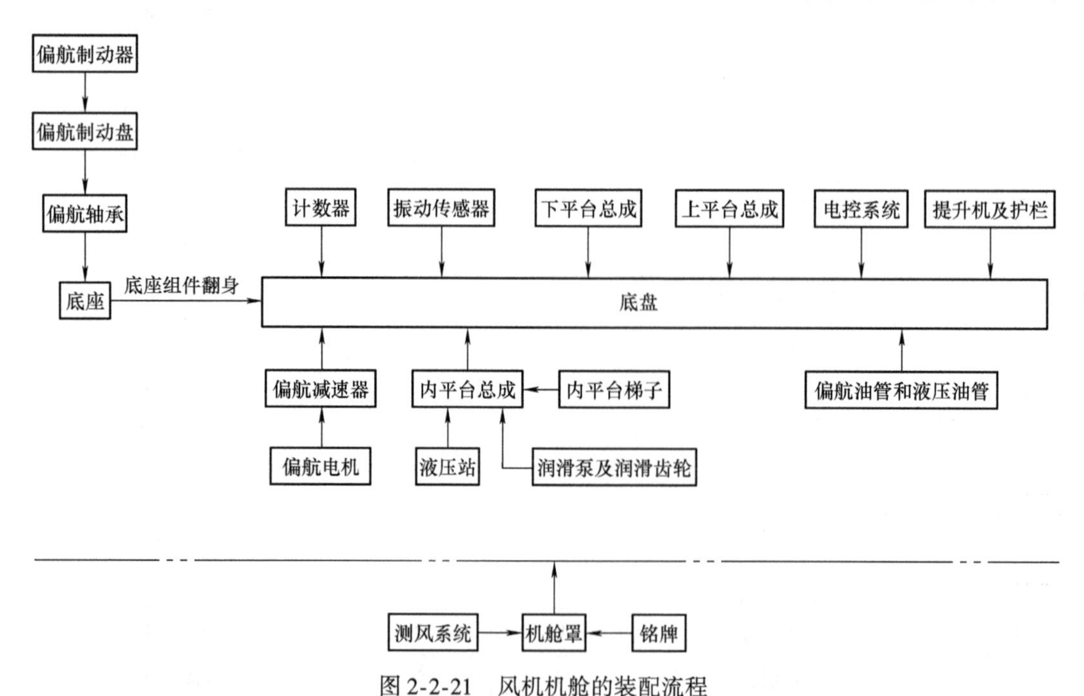

图 2-2-21　风机机舱的装配流程

（1）装配前清理及检查　装配前进行清理与检查。

（2）安装机舱底盘

1）选取机舱底盘（见图 2-2-22）与机舱倒置工装（见图 2-2-23）。

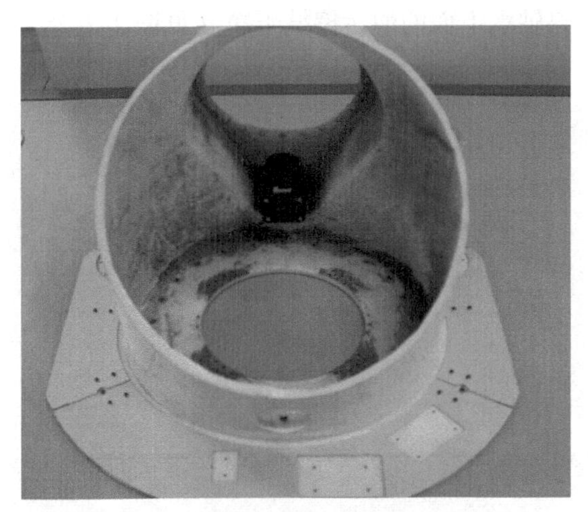

图 2-2-22　底盘

图 2-2-23　机舱倒置工装

2）将底盘倒立放置在机舱倒置工装上（见图 2-2-24）。

图 2-2-24　将底盘倒立放置于机舱倒置工装上

(3) 安装偏航轴承

1) 选取偏航轴承，将轴承上面的油污擦拭干净（见图 2-2-25）。

图 2-2-25　偏航轴承

2) 将偏航轴承放置在底盘上，内圈高出的法兰面与底盘接触，对齐底盘与轴承内圈的安装孔，预固定 2 个 M4 ×30 外六角螺钉（见图 2-2-26）。

图 2-2-26　安装偏航轴承于底盘上

3) 将剩下的 22 个 M4 ×30 外六角螺钉安装到轴承上，并采用星型紧固（见图 2-2-27）。

(4) 安装制动盘

1) 选取制动盘，将制动盘上面的油污擦拭干净（见图 2-2-28）。

2) 将制动盘放置在偏航轴承上，有台阶的方向与轴承接触，对齐制动盘与轴承的 3 个安装孔，用 3 个 M4 ×16 内六角螺钉紧固，并用 M4 ×16 内六角螺钉检查其他所有安装孔是否对齐，如不对齐，调整制动盘位置再次安装（见图 2-2-29）。

图 2-2-27　安装偏航轴承中全部螺钉

图 2-2-28　制动盘

图 2-2-29　安装制动盘

(5) 安装制动器垫块

1) 选取制动器垫块 (见图 2-2-30)。

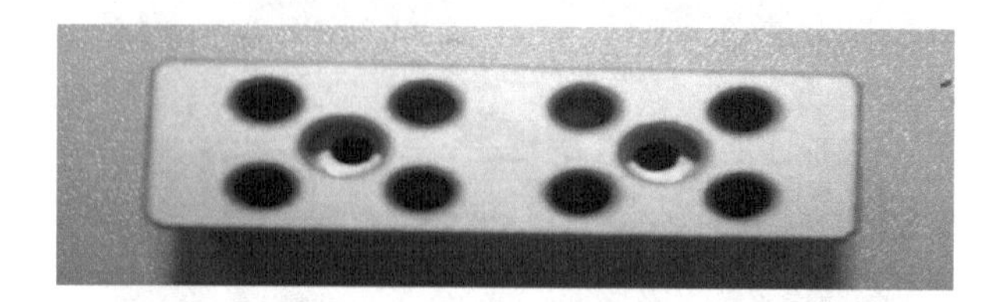

图 2-2-30　制动器垫块

2) 将制动器垫块放置在底盘安装面上 (见图 2-2-31), 用 2 个 M2 ×20 内六角螺钉紧固, 然后用 M3 ×55 内六角螺钉检查其他 8 个孔是否对齐, 如不对齐, 调整制动器垫块再次安装。

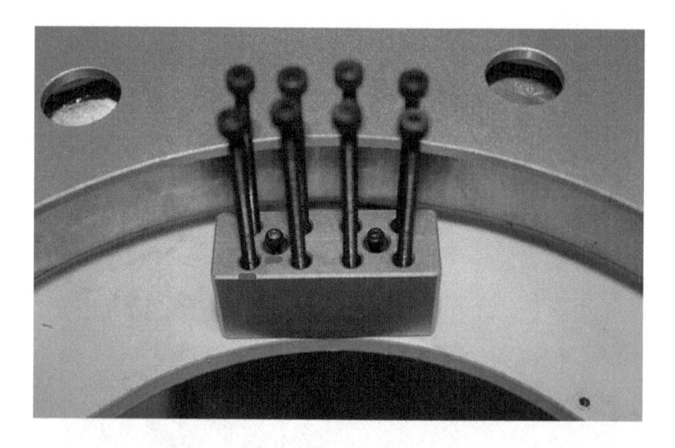

图 2-2-31　安装制动器垫块螺钉

3) 采用上述同样方法, 安装剩下 3 个制动器垫块 (见图 2-2-32)。

图 2-2-32　安装全部制动器垫块

(6) 安装制动器

1) 选取制动器 (见图 2-2-33)。

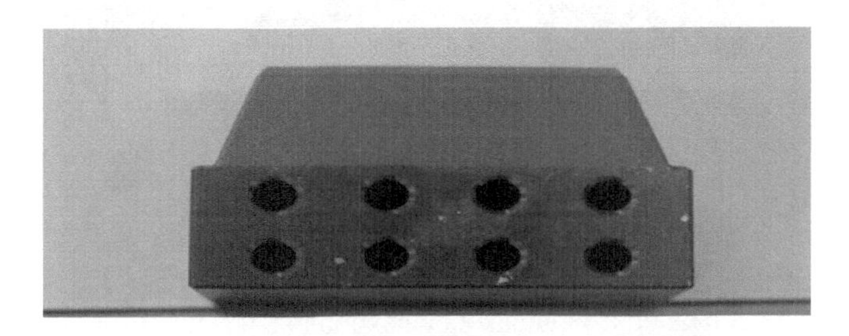

图 2-2-33　制动器

2) 将制动器由轴承内侧放置在制动器垫块上 (见图 2-2-34), 并保证制动器钳口套入制动盘的内圆面, 用 2 个 M3 ×55 内六角螺钉预固定制动器 (勿预紧), 安装其他 6 个螺钉 (见图 2-2-35), 保证所有螺钉全部拧入, 再预紧螺钉。预紧螺钉采用对角安装, 先预紧中间 4 个螺钉, 再预紧四角的 4 个螺钉。

图 2-2-34　安装制动器

图 2-2-35　安装制动器螺钉

3）采用上述同样方法，安装剩下3个制动器（见图2-2-36）。

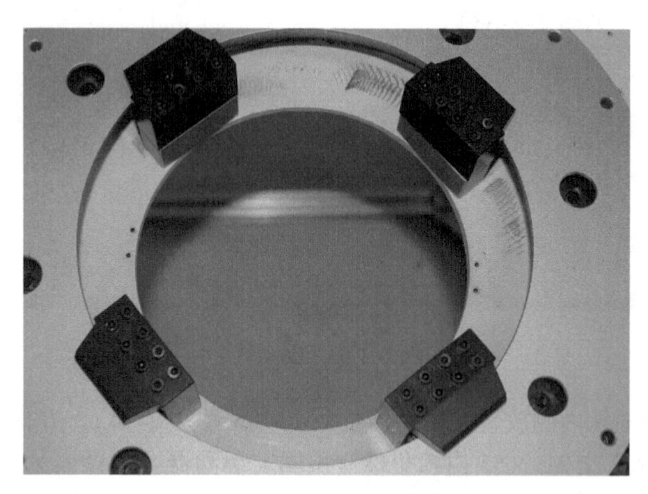

图2-2-36　安装全部制动器

（7）安装电刷组件

1）选取电刷组件（见图2-2-37）。

图2-2-37　电刷组件

2）将电刷组件放置在底盘安装面上（见图2-2-38），用2个M2×6内六角螺钉固定，稍微预紧，调节电刷支架位置，使电刷与制动盘内圆接触；紧固螺钉。

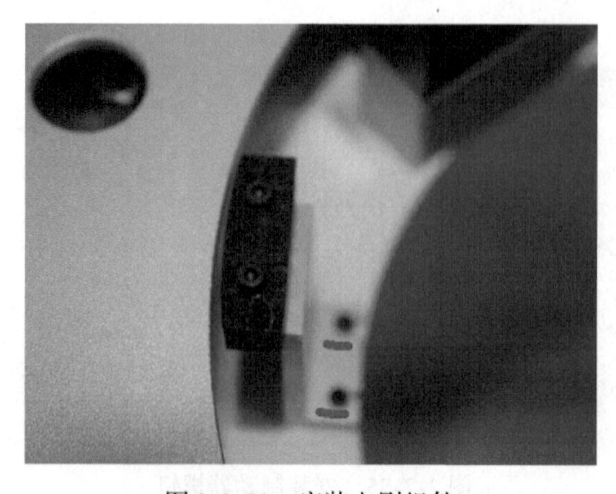

图2-2-38　安装电刷组件

3）采用上述同样方法，安装另一个电刷组件。

4）手动旋转轴承，保证轴承旋转一周，电刷与制动盘一直保持接触，不得存在脱开的状态。

（8）翻转底盘

1）选取机舱正置工装（见图2-2-39）。

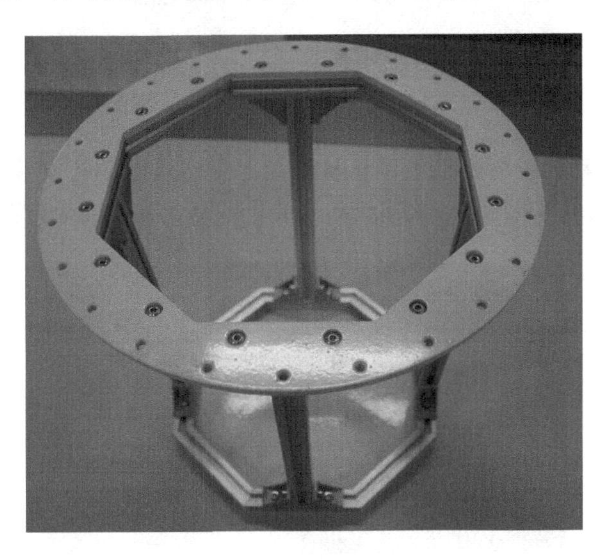

图2-2-39　机舱正置工装

2）将机舱正置工装放置在底盘附近，保证稳定；翻转底盘，将底盘组件放置在机舱正置工装上，制动盘底面与机舱正置工装接触（见图2-2-40）；用2个M4×25外六角螺钉从正置工装的下方穿入，并拧入底盘轴承上，预固定住底盘组件，2个螺钉相隔180°；然后再安装另2个M4×25外六角螺钉，4个螺钉相隔90°。

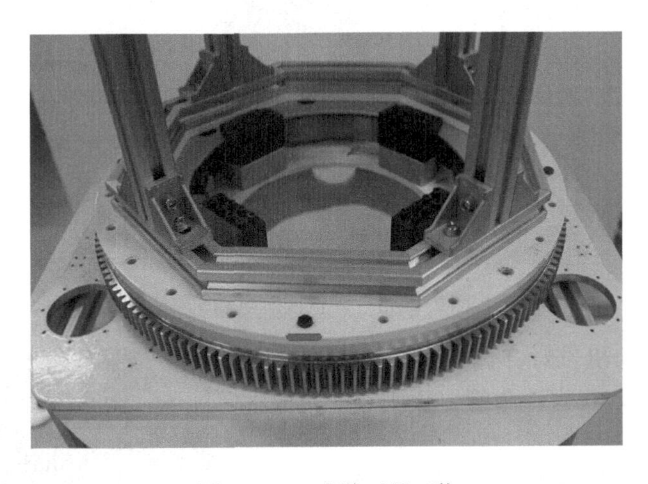

图2-2-40　安装正置工装

（9）安装偏航电动机

1）选取偏航电动机（见图2-2-41）。

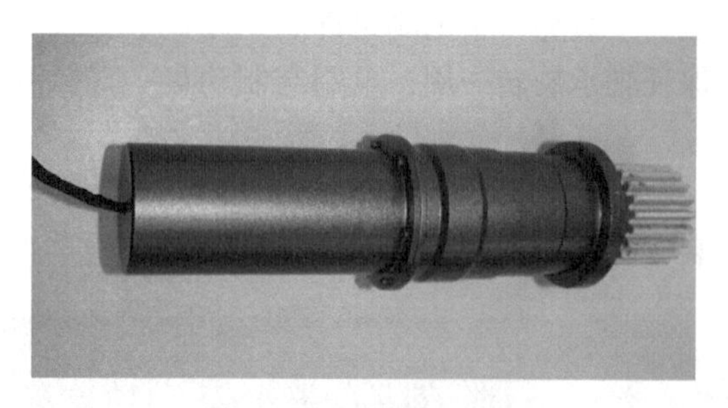

图 2-2-41　偏航电动机

2）预安装偏航电动机：将偏航电动机从底盘上侧插入电动机安装孔，手动旋转偏航轴承，使电动机齿轮与轴承齿轮啮合，将电动机安装止口完全装入底盘安装孔（见图 2-2-42）。

图 2-2-42　预安装偏航电动机

3）检查电动机齿轮端面是否与偏航轴承齿轮端面对齐，如不对齐，需要重新安装偏航电动机上小齿轮上的 M2 锁紧螺钉，然后调整齿轮端面位置并锁紧（见图 2-2-43）。

图 2-2-43　调整偏航电动机

4）安装偏航电动机：对齐偏航电动机与底盘的螺钉孔，用 8 个 M2 × 10 内六角螺钉预固定，稍微预紧（见图 2-2-44）。

5）用塞尺测量齿轮间隙：手动转动偏航轴承，使轴承齿轮与偏航电动机小齿轮啮合，并用塞尺插入啮合齿轮的背面间隙，保证 0.5mm 塞尺可以插入齿轮间隙，0.75mm 塞尺不能插入齿轮间隙（见图 2-2-45）。

图 2-2-44　安装偏航电动机

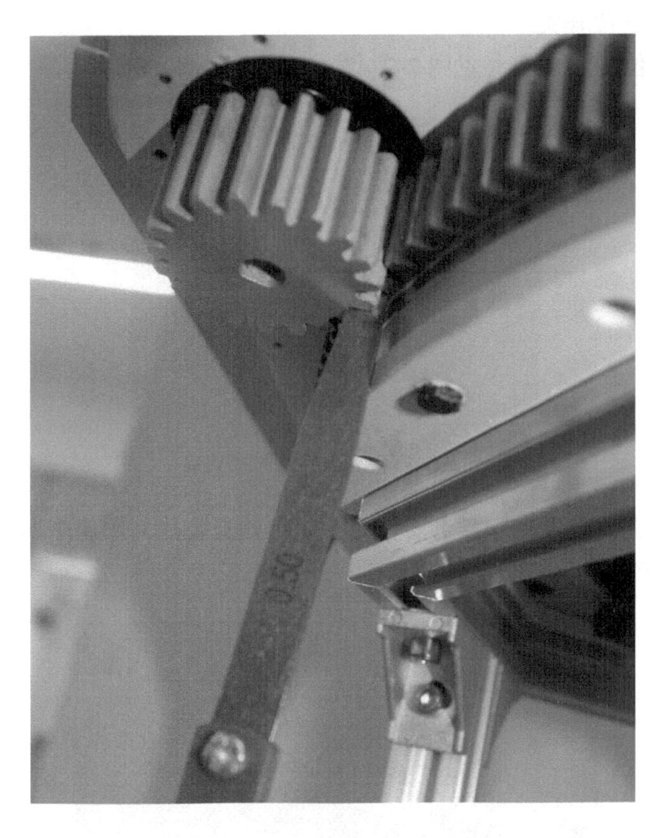

图 2-2-45　检测偏航电动机间隙

6）采用上述同样方法，安装另一个偏航电动机（见图 2-2-46），安装一个电动机后，禁止手动旋转偏航轴承。

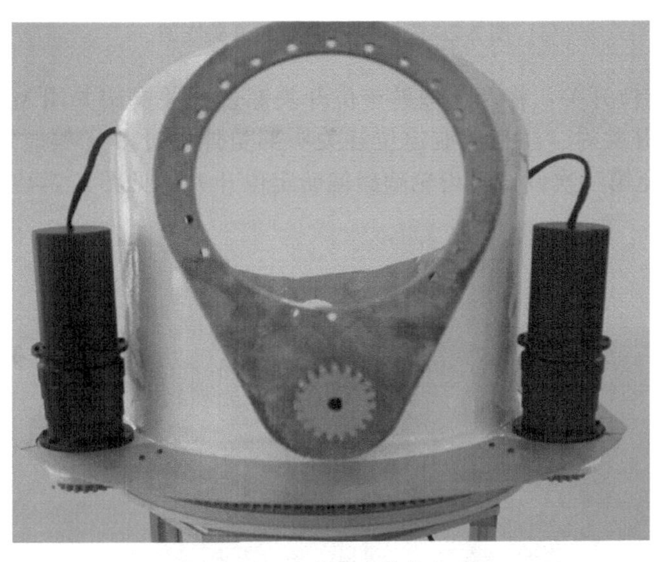

图 2-2-46　安装两个偏航电动机

（10）安装偏航定位开关

1）选取偏航定位开关支架（见图2-2-47）。

图2-2-47　偏航定位开关支架

2）将定位开关支架放置在底盘下安装面上，对齐安装孔，用4个M2×6内六角螺钉固定定位开关支架，并紧固（见图2-2-48）。

图2-2-48　安装偏航定位开关支架

3）安装偏航定位开关：将两个偏航定位开关穿过开关支架并用M3锁紧螺母进行紧固。紧固偏航定位开关时，注意偏航定位开关头部勿伸出过多（偏航定位开关与齿顶距离5～10mm），以免第一次调试时齿轮磕碰偏航定位开关（见图2-2-49）。

图2-2-49　安装偏航定位开关

（11）安装机舱控制柜

1）选取机舱控制柜（见图 2-2-50）。

图 2-2-50　机舱控制柜

2）将机舱控制柜放置在底盘安装面上，用 4 个 M2 ×8 内六角螺钉固定，并紧固（见图 2-2-51）。

图 2-2-51　安装机舱控制柜

3）将机舱控制柜门安装在柜体上，用 4 个 M2 ×6 内六角螺钉紧固（见图 2-2-52）。

图 2-2-52　安装机舱控制柜门

(12) 安装润滑泵

1) 选取润滑泵（见图 2-2-53）。

图 2-2-53　润滑泵

2) 将润滑泵放置在底盘安装面上，用 2 个 M2 ×8 内六角螺钉安装紧固（见图 2-2-54）。

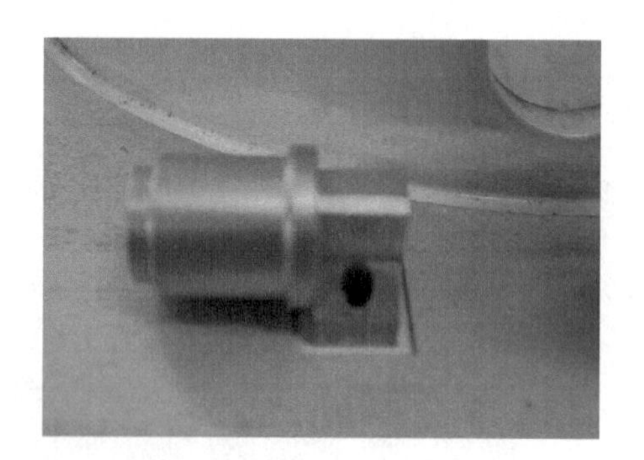

图 2-2-54　安装润滑泵

(13) 安装液压站

1) 选取液压站（见图 2-2-55）。

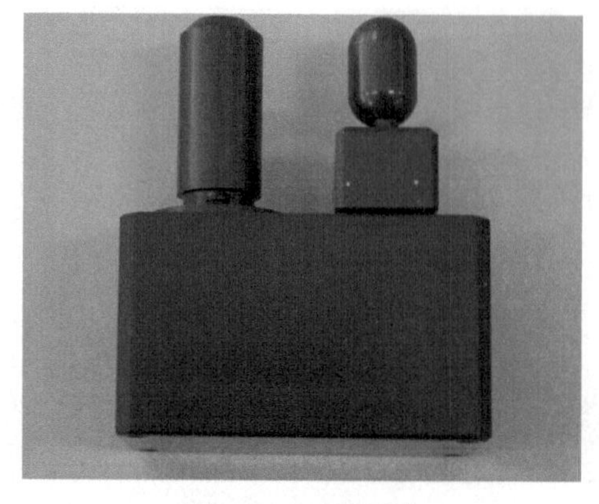

图 2-2-55　液压站

2）将液压站放置底盘安装面上，用4个M2×35内六角螺钉紧固（见图2-2-56）。

图2-2-56　安装液压站

（14）安装机舱罩支架

1）选取机舱罩支架（见图2-2-57）。

图2-2-57　机舱罩支架

2）将机舱罩支架放置在底盘下安装面上，对齐安装孔，用4个M2×10内六角螺钉紧固（见图2-2-58）。

3）采用上述同样方法，安装剩下3个机舱罩支架。

（15）安装吊环

1）选取吊环（见图2-2-59）。

图 2-2-58　安装机舱罩支架

图 2-2-59　吊环

2）将吊环安装在底盘的上安装面，底部左右各一个，上部一个，并紧固（见图 2-2-60）。

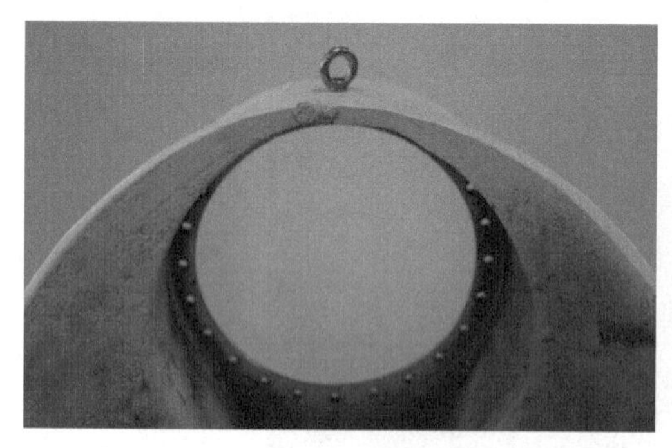

a)

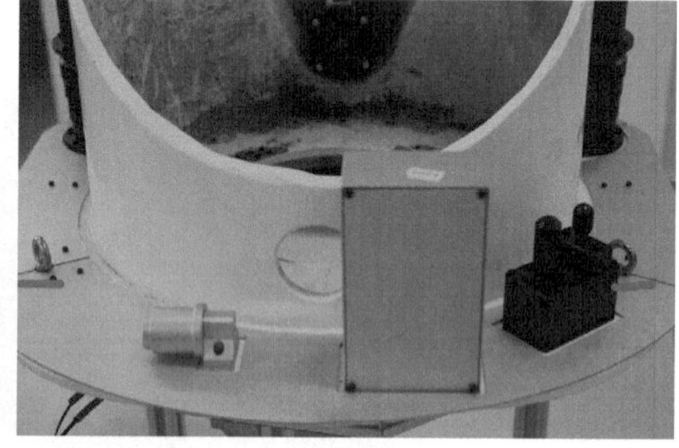

b)

图 2-2-60　安装机舱吊环

（16）安装机舱罩左右罩体

1）选取机舱罩左罩、右罩（见图 2-2-61）、上罩（见图 2-2-62）。

图 2-2-61　机舱罩左罩、右罩

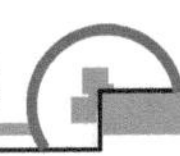

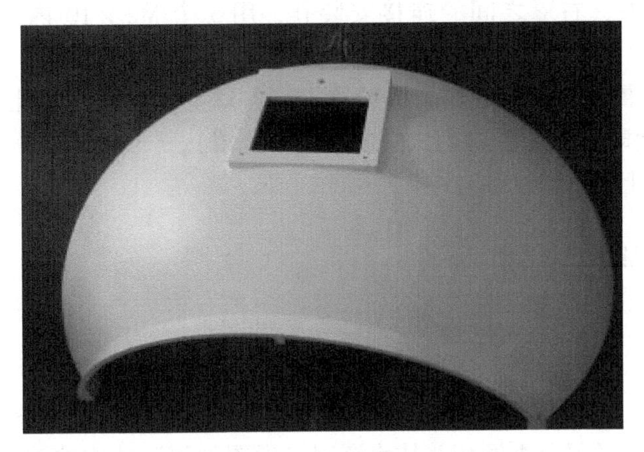

图 2-2-62　机舱罩上罩

2）将机舱罩左罩放置在机舱罩支架上，对齐安装孔（见图 2-2-63），用 8 个 M2×10 内六角螺钉紧固（注意：机舱罩为有机材料，安装时勿损坏机舱罩）。

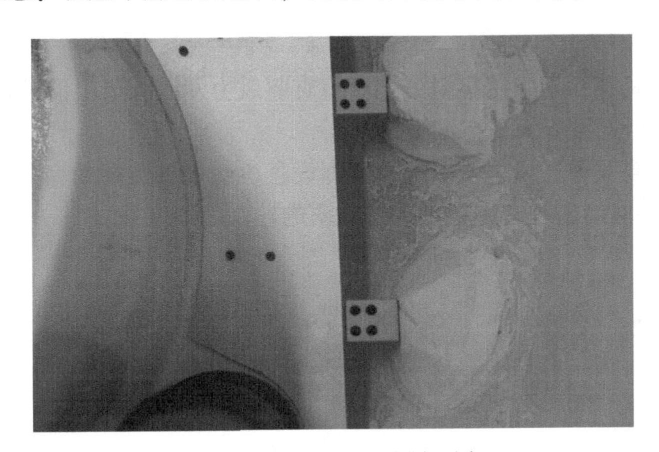

图 2-2-63　安装机舱罩左罩

3）采用上述同样方法，安装机舱罩右罩（见图 2-2-64）。

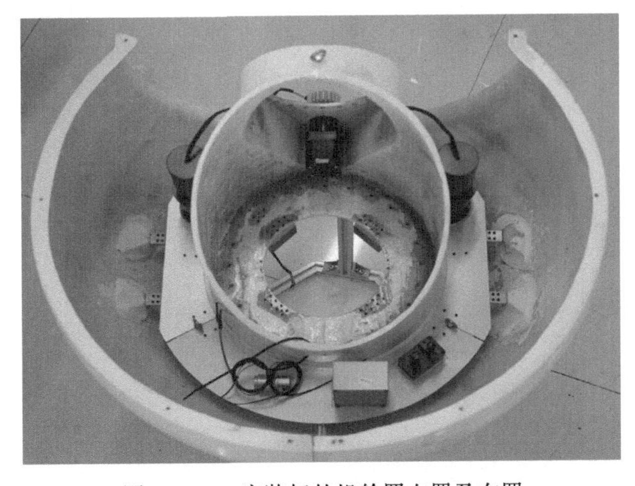

图 2-2-64　安装好的机舱罩左罩及右罩

4）对齐机舱罩左、右罩之间的连接安装孔，用5个M2×10内六角螺钉与M2螺母紧固。

5）将机舱罩上罩放置在安装好的机舱罩左、右罩上，对齐安装孔，并用8个M2×20螺钉固定，稍微预紧即可（此步骤为试安装机舱罩上罩）。

6）拆卸机舱罩上罩。

❖ 任务提升与总结

1. 任务提升

1）通过本任务的学习及查阅相关技术资料，说明机舱装配后主要检查哪些项目。

2）通过本任务的学习及查阅相关技术资料，说明如何调整偏航轴承与偏航驱动齿轮的齿轮间隙。

3）通过本任务的学习及查阅相关技术资料，说明偏航制动器的安装方法。

2. 任务总结

1）根据给定的资料，学生按小组分工撰写直驱风力发电机组机舱装配实施方案（报告书或PPT）。每一小组选派一人进行汇报。

2）小组讨论，自我评述风力发电机组实训设备机舱机械装配的完成情况及实施过程中遇到的问题，小组共同给出改进方案和提升效率的建议。

项目三　风力发电机组的电气安装与调试

任务一　风力发电机组变桨系统的电气安装与调试

❖ 任务要求

风力发电机组轮毂的机械部件装配完成后，就要进行变桨系统的电气接线。本任务就是根据风力发电机组变桨系统的电气手册，完成变桨系统的电气接线与检测。

❖ 任务资讯

一、变桨系统电气结构及原理

1. 变桨系统电气结构

(1) 变桨系统组成　风力发电机组变桨系统由电控箱（中控箱、轴控箱）、变桨电动机、备用电池、机械式限位开关、限位开关及相关连接件、冗余编码器及相关连接件、各部位的连接电缆及电缆连接器组成（电气结构见图 3-1-1）。

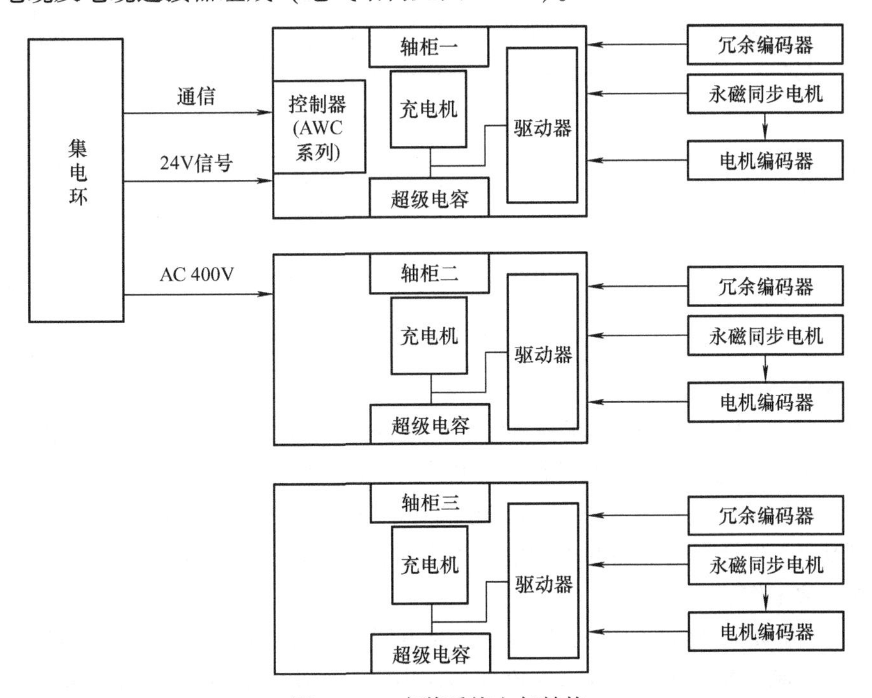

图 3-1-1　变桨系统电气结构

（2）变桨系统功能　变桨系统是通过改变叶片迎角，实现功率变化来进行调节的，通过在叶片和轮毂之间安装的变桨电动机带动回转轴承转动从而改变叶片迎角，由此控制叶片的升力，以达到控制作用在风轮叶片上的转矩和功率的目的。它不仅可以根据风速的大小自动调整叶片与风向之间的夹角，实现风轮对风力发电机有一个恒定转速；还能利用空气动力学原理，使桨叶顺桨90°与风向平行，使风机停机；在风力发电机组正常运行时，叶片向小迎角方向变化而达到限制功率的目的。一般变桨角度范围为0°～86°。采用变桨矩调节，风机的起动性好、制动机构简单，叶片顺桨后风轮转速可以逐渐下降，额定点以前的功率输出饱满，额定点以后的输出功率平滑、风轮叶根承受的动载荷和静载荷小。变桨系统作为基本制动系统，可以在额定功率范围内对风机速度进行控制。变桨系统有四个主要任务：

1）通过调整叶片迎角，把风机的转子旋转速度控制在规定风速之上的一个恒定速度。

2）当安全链被打开时，使用转子作为空气动力制动装置把叶子转回到羽状位置（安全运行）。

3）调整叶片迎角，以规定的最低风速从风中获得适当的电力。

4）通过衰减风转交互作用引起的振动，使风机上的机械载荷极小化。

2. 变桨控制柜内部结构

变桨控制柜内部主要由主开关、备用电源充电器、变流器、超级电容、具有逻辑及算术运算能力的分布式I/O从站、控制继电器及连接器等组成，电气接线如图3-1-2所示。

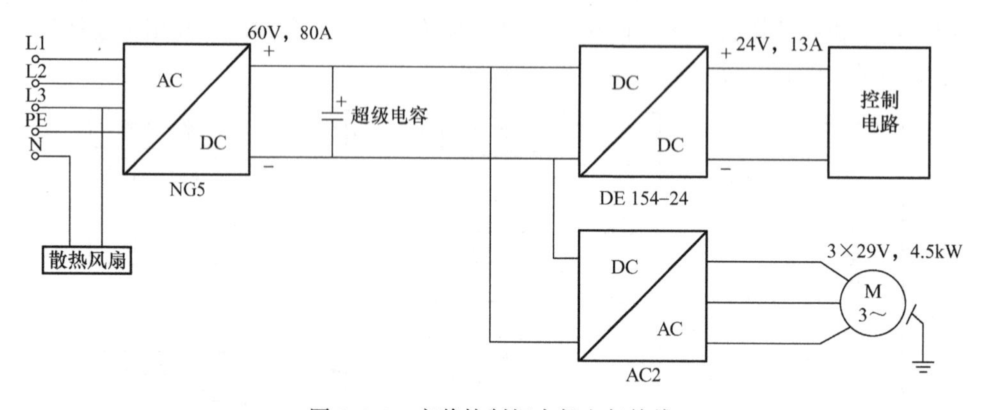

图3-1-2　变桨控制柜内部电气接线

（1）变桨控制柜主电路

1）变桨控制柜主电路采用交流—直流—交流回路，由逆变器为变桨电动机供电，变桨电动机采用交流异步电动机，变桨控制柜中配备一套由超级电容组成的备用电源，超级电容储备的能量，在保证变桨控制柜内部电路正常工作的前提下，足以使叶片以7°/s的速率，从0°顺桨到90°。当来自集电环的电网电压掉电时，备用电源直接给变桨系统供电，保证整套变桨系统正常工作。

2）三相交流400V经过NG5充电电源（充电器），整流输出额定值为60V、80A，工作方式为断续工作制（NGZOF）。NG5的投入与切出完全取决于超级电容的电压，只要检测到超级电容电压低于55V，就以80A恒流输出；只要超级电容电压达到60V，就断开。输出电流可在2s内从0升至80A，也可在0.5s内从80A降至0。超级电容并联于充电器输出端，超级电容由4套16V/500F的MAXWELL模块串联组成。电容输出直接接入变桨变频器（逆变器）AC2以及DC/DC 24V电源模块，AC2变频器输出驱动电动机，电源模块为系统内PLC倍福模块以及其他辅助设备、继电器、旋转编码器以及接近开关等供电。

3）主开关的作用是控制变桨控制柜内超级电容充电器AC 3×400V电源输入；控制变桨电动机冷却风扇、散热器冷却风扇、柜体内加热器的AC 230V电源输入；控制由充电器输出或超级电容供电的逆变器内部DC 60V电源输入；控制柜体内60V/24V DC/DC电源模块的电源输入。当主开关断开后，整个变桨控制柜除了动力电源输入以及超级电容之外，其余所有电路均断电，变桨系统停止工作。

（2）动力线路　三个变桨控制柜的动力电源均为AC 3×400V，且彼此之间是并联的（见图3-1-3）。其中1#叶片变桨控制柜的动力电源引自集电环，其余两个则依次引自前一个变桨控制柜的动力电源输出X10c。

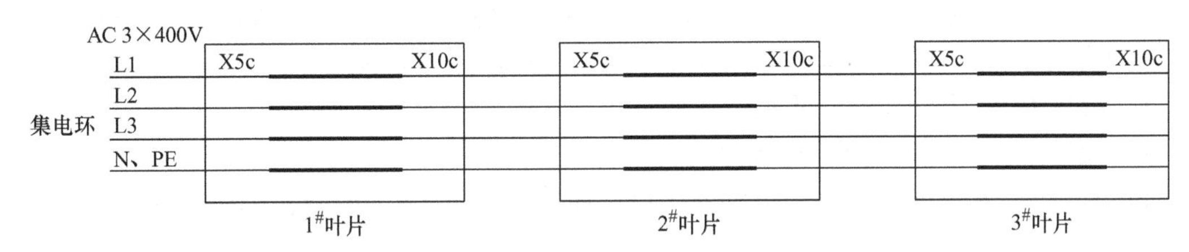

图3-1-3　变桨控制柜动力电缆连接线

（3）充电器　变桨系统的充电器如图3-1-4所示。

1）充电器直流输出控制信号：控制充电器是否输出DC 60V电压，该信号主要用于测试变桨控制柜动力电源掉电时超级电容的性能。

2）充电器工作状态信号：由充电器本身控制的开关量信号，用于反映充电器的动力电源输入是否正常。

3）充电器温度输出信号：由安装在充电器内部的Pt100铂电阻传感器测量。

4）充电器直流输出电流信号：由安装在充电器内部高频降压变压器二次电路中的电阻测量，以方便控制高频降压变压器一次电路中的IGBT模块触发脉冲以及充电器的最大输出电流。

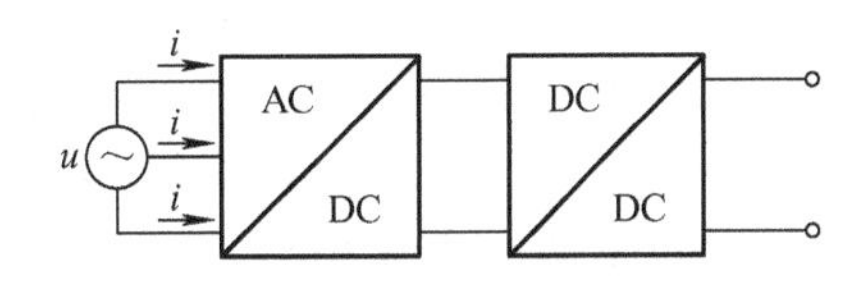

- 型号：Zivan Battery Charger NG5
- 输入电压：AC 400V(±15%)
- 输出电压：DC 60V
- 输出电流：DC 80A
- 内置直流输出控制信号，工作状态输出信号，温度输出信号，直流输出电流信号

图3-1-4　变桨系统充电器

（4）异步电动机用高频 MOSFET 逆变器　异步电动机用高频 MOSFET 逆变器 AC2 如图 3-1-5 所示，工作性能参数如下：额定电压为 48V，最大输出电流为 450A，实际使用时由 60V 的直流稳压电源供电，工作频率为 8kHz，输出电压为 AC 3×29V，频率范围为 0.6～56Hz。

- IMS功率模块，Flash内存，微处理器控制，CAN总线
- 型号：Zapi AC-2
- 电力电子器件：MOSFET
- 工作频率：8kHz
- 额定直流输入电压：DC 60V
- 最大输出电流：450A

图 3-1-5　高频 MOSFET 逆变器 AC2

AC2 共有 6 个外部接口，其实现的功能如下：

1）端口 A，串行通信口，共有 8 个针，使用了 A3（PCLTXD）、A4（NCLTXD）两个针。输出的是 AC2 内部状态信号，用于指示 AC2 当前的内部故障。

2）端口 B，2 个针，没有使用。

3）端口 C，4 个针。CAN 总线接口，没有使用。

4）端口 D，6 个针。增量型编码器接口，使用了 D3、D5，为旋转编码器送来的两路正交编码信号，24V。

5）端口 E，14 个针。E1 接入控制器送来的 0～10V 模拟量电压信号，此信号决定了 AC2 输出电压的频率，用于调速；E2、E3 两个针间串入 5kΩ 的电阻；E12 用来接收主控发来的手动向前变桨信号，E13 用来接收主控发来的手动向后变桨信号。

6）端口 F，12 个针。F1 为 AC2 的使能信号，此端口接入 60V 电压后 AC2 才能工作；F4 为送闸信号，此端口收到高电平后，会在端口 F9（NBRAKE）输出高电平，通过继电器控制变桨电动机内的电磁制动；F5（SAFETY）和 F11（－BATT）短接；F6 和 F12 之间串入变桨电动机内部的 PTC 热敏电阻，用于测量电动机的温度。

（5）变桨超级电容

1）由 4 组超级电容能量模块串联组成（见图 3-1-6），每组能量模块的额定电压为 16V。

2）每个能量模块由 6 只超级电容单体串联组成，每只超级电容单体的额定电压为 2.7V，额定电容值为 3000F，超级电容总的电容值为 125F。

3）超级电容温度由 Pt100 铂电阻传感器测量。

4）DC 30V 及 DC 60V 直流电压信号：实时监测串联的超级电容能量模块之间电压分配是否均匀；通过超级电容电压监测，可以判断电网电压是否掉电。

5）超级电容均压保护方式：目前 Vensys 系统中超级电容所用均压保护电路为被动均压保护电路。被动均压保护电路板使得每组超级电容能量模块内的 6 个单体两端各并联一个均压电阻，电压高的单体可通过均压电阻向电压低的单体放电，进行静态均流，使得各电容单体电压趋于平衡，从而改善模块电容电压不平衡问题。

（6）电源检测模块　电源检测模块 A10 集成了超级电容电压检测、电流检测以及 AC2 的故障输出。该模块将取自超级电容的 60V、30V 直流电压信号、充电器的直流电流输出信

- 型号：4-BMOD2600-6
- 额定电压：DC 60V
- 总容量：125F
- 总存储能量：150kJ
- 四组串联
- 单组电容电压：DC 16V
- 单组电容容量：500F

图 3-1-6　超级电容及参数

号，经过信号处理，转换成适合倍福双极性模拟输入模块允许输入范围之内的信号。

（7）倍福模块　倍福模块如图 3-1-7 所示，其功能简要说明如下：

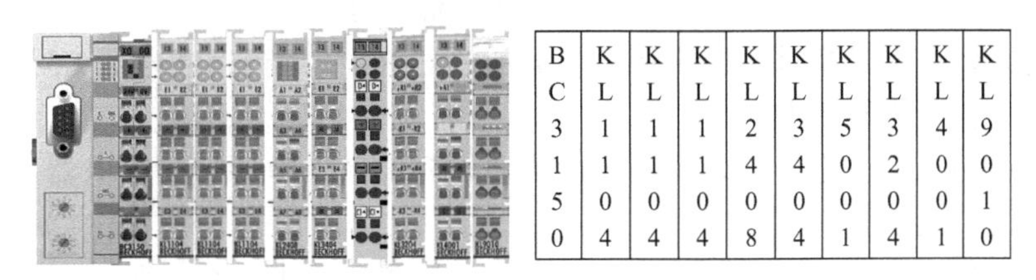

B	K	K	K	K	K	K	K	K	K
C	L	L	L	L	L	L	L	L	L
3	1	1	1	2	3	5	3	4	9
1	1	1	1	4	4	0	2	0	0
5	0	0	0	0	0	0	0	0	1
0	4	4	4	8	4	1	4	1	0

图 3-1-7　倍福模块及端口

1）“紧凑型”总线端子控制器 BC3150 有一个 PROFIBUS - DP 现场总线接口，可在 PROFIBUS - DP 系统中作为智能从站使用。BC3150 比较小巧而且经济。BC3150 通过 K - BUS 总线扩展技术，可连接多达 255 个总线端子。

2）数字量输入模块 KL1104 从现场设备获得二进制控制信号，并以电隔离的信号形式将数据传输到更高层的自动化单元。每个总线端子含 4 个通道，每个通道都有一个发光二极管（LED）指示其信号状态。

3）数字量输出模块 KL2408（正极变换）将自动化控制层传输过来的二进制控制信号以电隔离的信号形式传到设备层的执行机构。KL2408 有反向电压保护功能。其负载电流输出有过载和短路保护功能。每个总线端子含 8 个通道，每个通道都有一个 LED 指示其信号状态。

4）模拟量输入模块 KL3404 可处理 -10 ~ +10V 或 0 ~ 10V 范围的信号，分辨率为 12 位，在电隔离的状态下被传送到上一级自动化设备。在 KL3404 总线端子中，有 4 个输入端为二线制型，并有一个公共的接地电位端。输入端的内部接地为基准电位。

5）同步串行接口（Synchronous Serial Interface，SSI）模块 KL5001 可直接连接 SSI 传感器。传感器电源由 SSI 提供。接口电路产生一个脉冲信号以读取传感器数据，读取的数据以字的形式传送到控制器的过程映像区中。各种操作模式、传输频率和内部位宽可以永久地保存在控制寄存器中。

6）模拟量输出模块 KL4001 可输出 0 ~ 10V 范围的信号。该模块可为处理层提供分辨率为 12 位的电气隔离信号。总线端子的输出通道有一个公共接地电位端。KL4001 是单通道型，适用于带有接地电位的电气隔离信号。它通过运行 LED 显示端子与总线耦合器之间的数据交换状态。

7）模拟量输入模块 KL3204 可直接连接电阻型传感器。总线端子电路可使用二线制连接技术连接传感器。整个温度范围的线性度由一个微处理器来实现，温度范围可以任意选定。总线端子的标准设置为 PT100 传感器。

8）末端端子模块 KL9010 用于总线通信，工作温度一般为 -20 ~ +60℃，质量约 50g。

（8）继电器模块　该模块的输入电压范围为 DC 28 ~ 160V，输出电压为 DC 24V。

1）继电器 K2：控制变桨电动机制动松、抱闸，同时对变桨电动机冷却风扇 M2、散热器冷却风扇 M3 运行进行控制。

2）继电器 K3：由限位开关控制，当叶片接触到限位开关时，继电器 K3 线圈失电，逆变器内部直流控制电源断电，变桨电动机制动抱闸。

3）继电器 K4：安全链控制继电器，由总线端子控制器 BC3150 检测变桨系统自身安全链信号是否正常，只有变桨系统安全链正常时，继电器 K4 的线圈才通电，否则，继电器 K4 的线圈将失电，由轮毂反馈给机舱的安全链信号是断开的。

4）继电器 K5：用于控制变桨控制柜内部加热器 R0 的运行，继电器 K5 线圈得电，加热器工作，反之，加热器停止工作。

5）继电器 K6：用于控制变桨控制柜内部冷却风扇 M4 的运行，继电器 K6 线圈得电，风扇工作，反之，风扇停止工作。

6）继电器 K8：用于控制充电器 NG5 是否有直流电压输出，继电器 K8 线圈得电，NG5 停止直流输出，反之，NG5 输出正常。

7）继电器 K7：用于检测由机舱进入轮毂的安全链信号是否正常，继电器 K7 线圈得电，安全链正常，反之，安全链已断。

（9）DC/DC 变换器　将充电器或超级电容提供的 DC 60V 变换为继电器及倍福现场总线端子控制器、信号模块、SSI 模块等所需的 DC 24V 电源。

3. 变桨控制柜外部驱动及检测部分

变桨控制柜外部驱动及检测部分主要包括变桨电动机、旋转编码器、温度检测（Pt100）、0°接近开关及 90°限位开关、安全链。

（1）变桨电动机　变桨电动机采用交流异步电动机，变桨速率由变桨电动机转速调节（通过逆变器改变供电的频率来控制电动机的转速）。

1）类型：三相笼型转子异步电动机。

2）额定功率：4.5kW。

3）额定转速：1500r/min。

4）电动机工作方式：S2，60min。

5）最大转矩：75N · m。

6）制动转矩：100N · m。

7）额定电压：29V。

8）额定电流：125A。

9）额定功率因数：0.89。

10）绝缘等级：F。

11）转动惯量：0.0148kg · m^2。

12）防护等级：IP54。

（2）旋转编码器　旋转编码器如图3-1-8所示，它是用来测量电动机转速及方向的装置，配合PWM技术可以实现快速调速。兆瓦级风力发电机组一般采用绝对式旋转编码器GM400。

- 25位分辨率，8192脉冲/4096圈
- 格雷码或二进制码输出
- 自诊断功能
- 电动机内部安装
- 电子清零
- 可选组件：增量通道A，B

图3-1-8　旋转编码器

绝对式旋转编码器GM400的功能见表3-1-1。

表3-1-1　绝对式旋转编码器GM400

旋转编码器引脚	功　　能	对应SSI模块KL5001端子
1	DC 24V电源	2
2	DC 0V	3
3	差分RS－422时钟信号输出＋	4
7	差分RS－422时钟信号输出－	8
4	差分RS－422数据信号输入＋	1
6	差分RS－422数据信号输出－	5
5	旋转编码器读数清零端子	
8、9	变桨电动机转速、转向反馈信号	
10	旋转编码器电源是否有效反馈信号	

（3）接近开关　变桨系统接近开关如图3-1-9所示，固定安装在轮毂变桨限位撞块上，与顺桨感光装置配合使用。

1）测试距离：8mm。

2）实际接线：1、2、3分别与棕、黑、蓝线连接。

3）该开关用来作为旋转编码器的辅助定位装置。当叶片处于－2°～＋5°的区间内，变桨盘上的金属挡块会使接近开关点亮。如果旋转编码器所显示的位置与接近开关点亮的区域不一致，可以判断旋转编码器出现问题，此时变桨系统会进行急停顺桨的操作，避免因位置显示不准确而造成重大的问题。

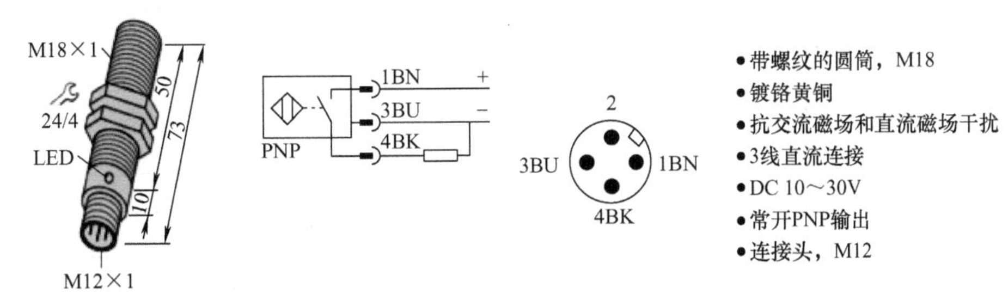

图3-1-9　接近开关

（4）限位开关　限位开关如图3-1-10所示，它安装在91°的位置，当某一叶片出现以下情况之一时，变桨系统会使该叶片一直顺桨，直到限位开关被触发。

1）叶片角度小于－2.0°。

2）叶片角度大于90°。

3）变桨速度大于14°。

4）接近开关大于6.5°时点亮或者小于3.5°时没有点亮。

限位开关被触发后，该叶片无法变桨，只有进入轮毂，通过旋钮将变桨控制柜的操作模式改为手动后，才可以将叶片变回正常停机位置。

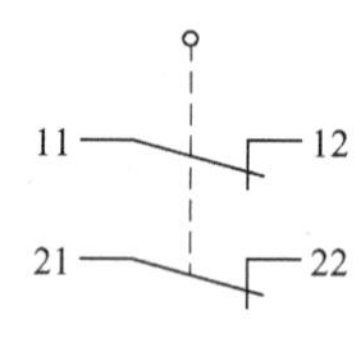

图3-1-10　限位开关

二、变桨系统电气接线准备

1. 电气接线常用工具

变桨系统电气接线所需工具见表3-1-2。

表3-1-2　变桨系统电气接线常用工具

序号	名　称	数量	单位	备　注
1	尖嘴钳	2	把	
2	偏口钳	2	把	
3	电笔	3	只	
4	平口螺钉旋具	2	把	
5	十字螺钉旋具	2	把	
6	压线钳	2	把	0.5～2.5mm^2 的PIN头压线钳
7	剥线钳	2	把	
8	内六角套件	2	套	
9	绝缘胶带	若干	卷	消耗品
10	剪线钳	1	把	
11	剥线刀	2	把	
12	电烙铁	1	把	含配套工具
13	锯弓	2	把	
14	锯片	若干	片	
15	卷尺	2	把	
16	小棘轮套件	1	套	
17	液压压线钳	各1	把	16mm^2、50mm^2、240mm^2

（续）

序号	名　称	数量	单位	备　注
18	安全施工灯	4	盏	线长 10m
19	插排	5	个	线长 40m 的 4 个，30m 的 1 个
20	电缆	10	米	$4\times16mm^2$
21	锉刀	4	把	平锉与三角锉各两把
22	万用表	1	个	
23	绝缘电阻表	1	个	1000V
24	电钻	1	把	
25	星形扳手	1	套	

2. 变桨系统主要电气部件

直驱风力发电机组的变桨系统主要电气部件见表 3-1-3。

表 3-1-3　变桨系统主要电气部件

序号	部件名称	型号及作用	备　注
1	散热器	作用：散热	轮毂电池柜中
2	电池	电池组（3 组）	轮毂电池柜中
3	通电器	ABB，通电	轮毂电池柜中
4	传感器	Pt100 温度传感器	轮毂电池柜中
5	变频器	ABB，交流电 230V，50Hz，63A，4.5W	轮毂电池柜中
6	加热器	加热	轮毂电池柜中
7	充电器	XE82. SBP，充电	轮毂电池柜中
8	逆变器	把直流电变为交流电（3 个）	轮毂中
9	限位开关	限位	轮毂中
10	电动机	变桨电动机（3 台）	轮毂中
11	避雷针	避雷	轮毂中
12	指针	零位指针	轮毂中
13	集电环系统	集电环	轮毂中
14	润滑系统	润滑	轮毂中
15	开关	断路器	轮毂控制柜中
16	接触器	通断电	轮毂控制柜中

三、变桨系统的电气接线

1. 总体电气接线

变桨电气系统主要由变桨控制柜、备用电源柜、变桨电动机、91°限位开关、接近开关各 3 套（每个叶片配备一套）组成，其电气接线图如图 3-1-11 所示。

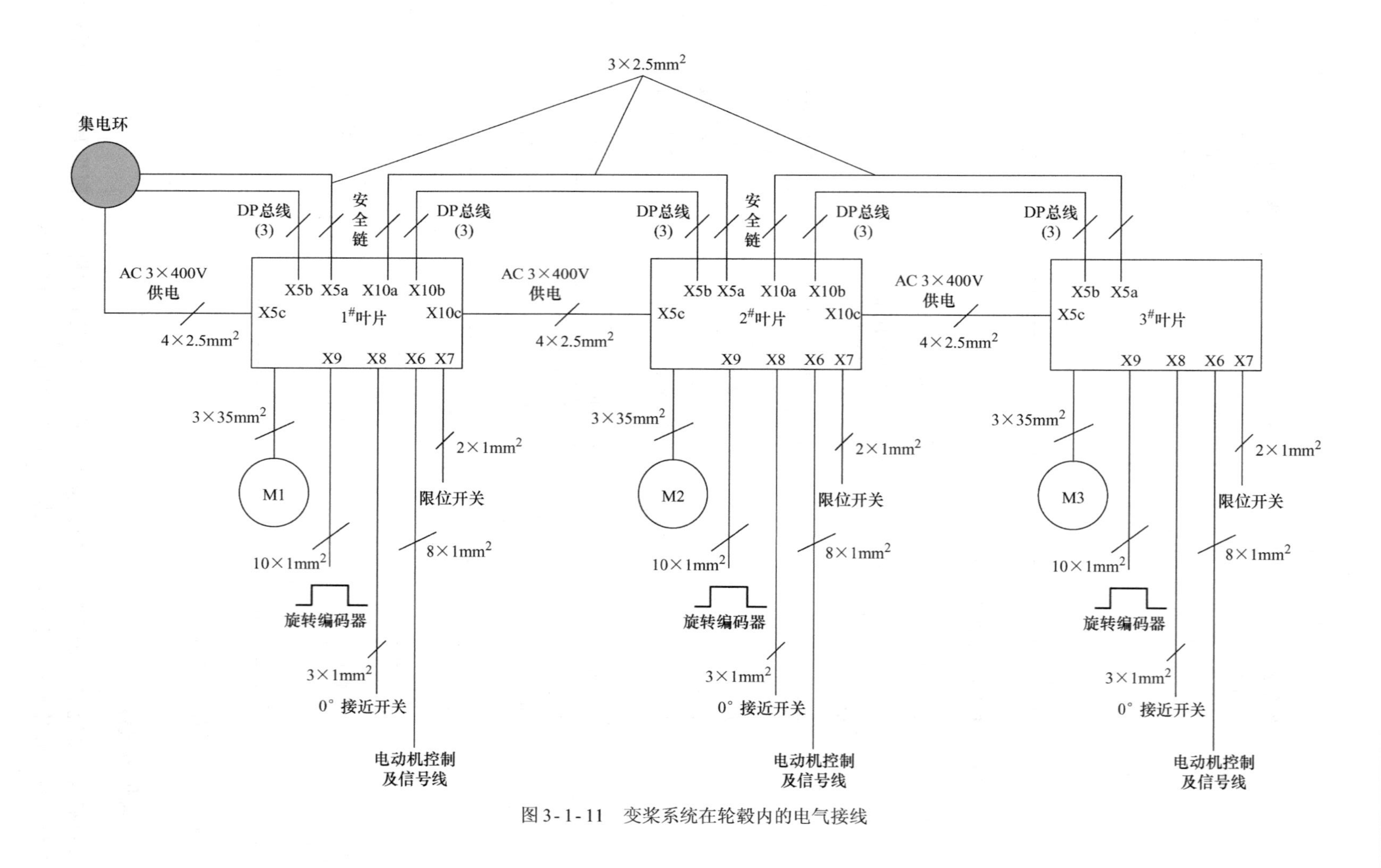

图 3-1-11 变桨系统在轮毂内的电气接线

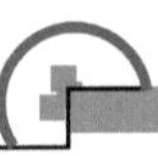

2. 变桨系统电气接线要求

材料及工具准备完善后，方可对轮毂进行变桨系统的电气接线。工作人员在进行接线工作时必须认真仔细，不能有漏接、错接的行为，操作过程中必须严记操作规程和安全规范，以免发生事故危及厂内人员。

（1）下线要求　根据设计要求逐根下料并依电缆编号做好标记。按编号归类存放。下线长度选择公差满足表 3-1-4。

表 3-1-4　导线公差表

导线长度/mm	50	50 ~ 100	100 ~ 200	200 ~ 500	500 ~ 1000	1000 以上
公差/mm	+3	+5	+5 ~ +10	+10 ~ +15	+15 ~ +20	+30

（2）扎线要求　为了后续工作的整洁与高效，导线线束一般不宜超过 50 根，线束外表排线应尽可能成圆形，线束的分支和线束每隔 150 ~ 200mm 须用扎带束紧。相同走向电缆应并缆，用合适的扎线带固定，电缆扎线带间距为 150mm。扎线带间距可根据路线适当调整，但须保证间距排布均匀。不同线束捆扎在一起时，应用两根扎线带扎成 8 字形隔开，禁止直接将所有线束一次性捆扎在一起。线束应有线夹或配线固定座固定，以免受振动和冲击造成损坏。

（3）布线要求　遵循安全“6S”，即“整理、整顿、清扫、清洁、素养、安全”，在布线时导线排列要整齐、尽可能美观，做到横平竖直。而走线槽布线则要求束扎的导线要理直、束紧，不允许扭结、弯曲。悬空走线可以穿管。为了保护导线，导线不应承受外力，且线束转弯处应为圆弧过渡，弯折半径约等于本身导线半径的 1 ~ 4 倍，避免压力集中而降低使用寿命。严禁尖角弯折，避免损坏导钱及绝缘层。需要转弯的地方应尽量美观，采用规格适当的捆扎带束紧。在线束穿过金属孔或锐边时，应事先嵌装橡胶衬套或防护性衬垫。导线中间不允许有接点。导线分支应从主干线侧下方抽出，以保持导线束表面整齐美观。电缆应远离旋转、移动部件，避免电缆悬挂、摆动。

（4）剥皮切断要求　剥离多芯线电缆外被时，注意切割时用力要均匀、适当，不可损伤内部电缆绝缘层。单芯 0. 25 ~ 2. 5mm^2 的线缆应用线缆剥线钳剥去绝缘层，注意按芯线规格放入相应的刀齿中，以防芯线受损。剥线时不可损伤芯线。

（5）浸锡要求　绝缘导线经过剥头和捻头后，应在尽可能短的时间内浸锡，否则时间过长易出现氧化层，造成浸锡不良。芯线浸锡时不应触到绝缘层端头，浸锡时间为 1 ~ 3s。

（6）端子压接要求　管形预绝缘端子、圆形预绝缘端子、harting 端子须分别选用棘轮管形压线钳、棘轮圆形压线钳、harting 压接钳压接。注意压线钳选口要正确，芯线穿入端子时不能分岔。线缆绝缘层需完全穿入绝缘套管，芯线需与针管平齐，或在端子如有多余需用斜口钳去除。芯线穿入 harting 端子及窥口端子，需在窥口处看到芯线。压接完后需稍用力拉拔端子，检查是否牢固。

（7）焊接连线要求　导线焊到插座引针，剥头长度应与引针相适合。焊接连线时焊点必须均匀光滑无飞边，同时掌握好电烙铁焊接时的方位角度。焊接中间引针导线时，不能烫伤邻近导线绝缘层或旁边引针上的焊点。焊接完成后，需用无水酒精清洗焊点上的助焊剂及脏污。每个引针焊接完后必须套上与引针大小相适合的绝缘套管。

（8）端子接线要求　管式预绝缘端子用压线钳压好后，会出现一面平整另一面四槽。与弹簧端子连接时，必须将管式预绝缘端子的平整面与弹簧端子的金属平面相连。

（9）扎线带使用要求　根据绑扎电缆的整体外径及重量选取合适长度、宽度的扎线带，扎线带断口长度不得超过2m，并且位置不得朝向维护面。

3. 变桨系统电气接线工艺流程

下面以某公司2MW直驱风力发电机组的变桨系统电气接线为例，介绍其接线工艺流程：工作前准备→下线标识→线材端头制作（机组）→轮毂组件接线→布线→线材端头制作（柜端）→轮毂控制柜、灭磁柜、轮毂组件接线→检查→整理、包装。

（1）下线标识　根据电路设计图，导线的端子绝缘层套上相应的标识套管。标识视读方向以板为基准，自下向上、自左向右读取。以电缆编号命名，用油性笔及美纹胶带在线材两端贴好标记并分类存放。胶带标识距离线材端口应大于300mm。电缆规格表见表3-1-5。

表3-1-5　电缆规格表

序号	电缆描述	总　量	编　号	用　量
1	KVCY 10×0.5mm² 屏蔽控制电缆	11.1m	18W6	3.7m
			38W6	3.7m
			58W6	3.7m
2	KVCY 3×0.5mm² 屏蔽控制电缆	11m	4W3（部分自带）	5.5m
			4W4（部分自带）	5.5m
3	KVCY 3×0.5mm² 屏蔽控制电缆	5.5m	4W2（部分自带）	5.5m
4	KVCY 3×1.0mm² 屏蔽控制电缆	元件自带	55W2	1.0m
5	4×2×0.14－4G0.5 速度传感器电缆	元件自带	99W7	1.5m
6	KVCY 5×16mm² 集电环供电电缆	元件自带	10W1	1.2m
7	超速传感器电缆	元件自带	78W8	1.0m
8	角度编码器电缆 LIYCY 2×2×0.14－4G0.5	11.4m	98W1	4.2m
			98W7	4.2m
			99W2	4.2m
9	控制柜—电池柜电缆 （多单芯电子线）	2.04m	11W1	0.68m
			11W2	0.68m
			11W3	0.68m
10	控制柜-变桨电动机电缆 （多单芯电子线）	10.8m	13W1	3.6m
			33W1	3.6m
			53W1	3.6m
11	KVCY 4×1.5mm² 控制柜—变桨电动机风扇电缆	12m	13W10	4m
			33W10	4m
			53W10	4m

（续）

序号	电缆描述	总　量	编　号	用　量
12	速度编码器电缆	元件自带	13W7	5.7m
		元件自带	33W7	5.7m
		元件自带	53W7	5.7m
13	限位开关电缆	元件自带	74W1	1.2m
		元件自带	74W2	1.2m
		元件自带	74W3	1.2m
		元件自带	74W5	1.5m
		元件自带	74W6	1.5m

（2）线材端头制作　将线缆端口用剥线钳裁剪出规则的端头，端头需严整，且留出足够长的芯线以做后用。

1）编号为18W6、38W6、58W6第一端的电缆端头制作方法如下。

按图3-1-12所示尺寸剥线[⊖]；梳散屏蔽，以1∶2比例分成两份，1等份屏蔽连同电线用热缩套管包覆，2等份屏蔽单独用热缩套管包覆；用中号热缩套管将单芯线1、2、5、6地线加屏蔽及3、4、7、8地线加屏蔽分别包覆成两组（见图3-1-13）；白色标识套管对应标号套入单芯线；单芯线套入管形接头，屏蔽及屏蔽地线分别套入圆形M接头，分别放入压接钳对应压口压紧；套入大号热缩套管，热风枪加热大号热缩套管将屏蔽及外被完全包覆；单芯线1、2、5、6地线加屏蔽接左限位开关（见图3-1-14），3、4、7、8地线加屏蔽接右限位开关（见图3-1-15）。

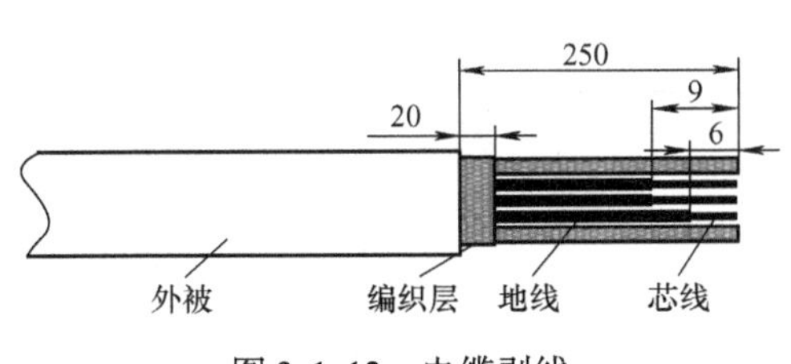

图3-1-12　电缆剥线

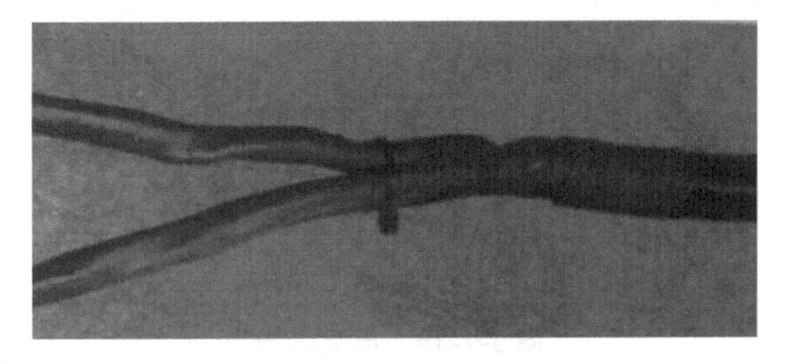
图3-1-13　屏蔽套管接法

图3-1-14　左限位开关

图3-1-15　右限位开关

⊖ 本任务这类图仅表明尺寸数值，并不反映实际比例，特此说明。

2）编号为18W6、38W6、58W6第一端的电缆制作完成后可以依据如下制作方法进行第二端的电缆端头制作。

按图3-1-16所示尺寸剥线；电缆穿入热缩套管；热风枪加热热缩套管将屏蔽及外被包覆，屏蔽端口外漏10～15mm接地；电缆套入转接头及外壳，用开口扳手锁紧；白色标识套管对应编号套入单芯线；芯线套入harting公针，用harting压接钳压紧；地线套入圆形M接头放入压接钳对应压槽压紧（见图3-1-17）；将harting公针按pin位（左下为第1位pin）镶入连接器模块，装入外壳用螺钉固定（见图3-1-18）。

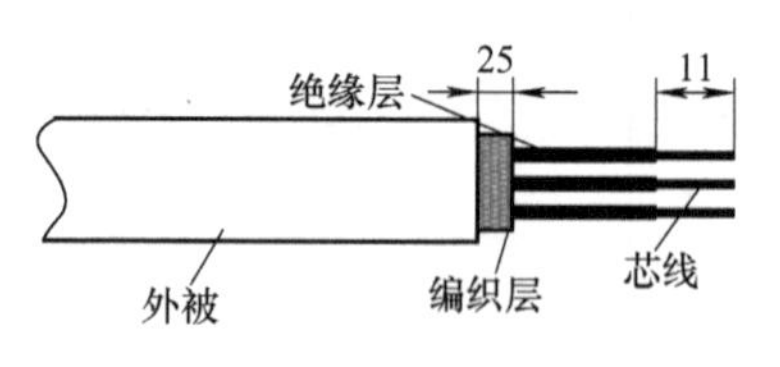

图3-1-16　电缆剥线

图3-1-17　地线套入M接头

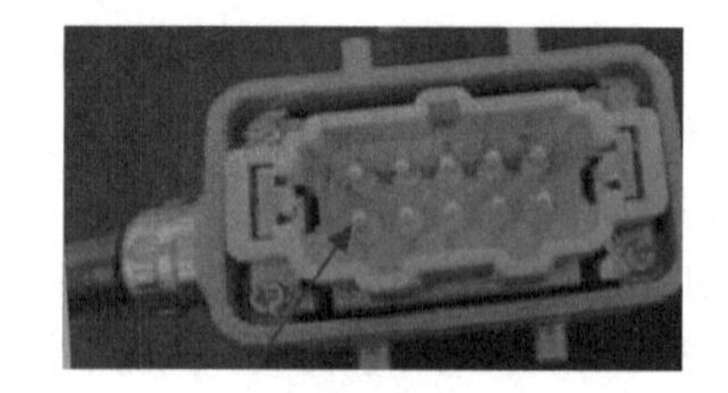

图3-1-18　连接器模块

3）编号为18W6、38W6、58W6的电缆双端全部制作完成后即可制作编号为4W3、4W4的电缆端头。

按图3-1-19所示尺寸剥线；电缆穿入热缩套管；白色标识套管对应编号套入单芯线；单芯线套入管形接头，放入压接钳对应压槽压紧；热风枪加热热缩套管将屏蔽及外被完全包覆；芯线标号对应图3-1-20依次与连接器连接。

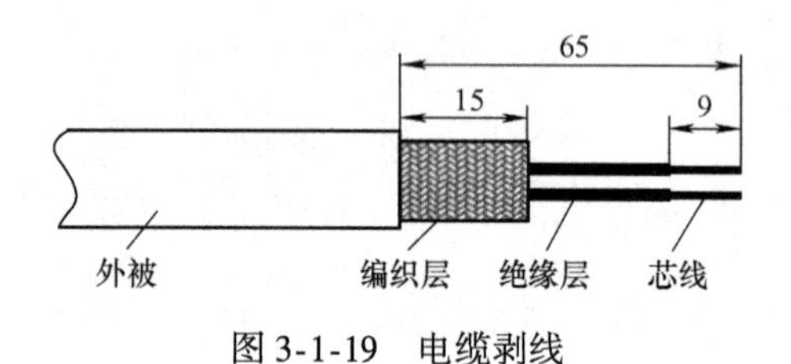

图3-1-19　电缆剥线

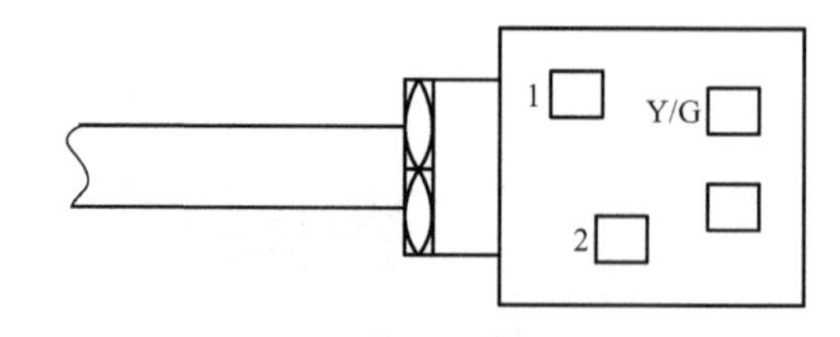

图3-1-20　连接器

4）编号为4W2的电缆端头制作方法如下所示。

按图3-1-21所示尺寸剥线；电缆穿入热缩套管；白色标识套管对应编号套入单芯线；单芯线套入管形接头，放入压接钳对应压槽压紧；热风枪加热热缩套管将屏蔽及外被完全包覆；芯线标号对应图3-1-22依次与连接器连接。

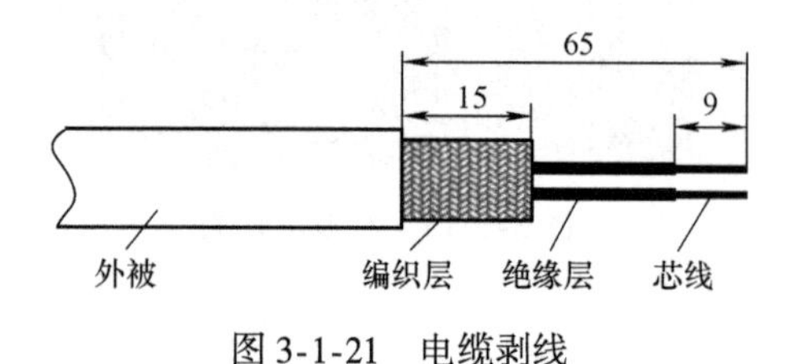

图3-1-21　电缆剥线

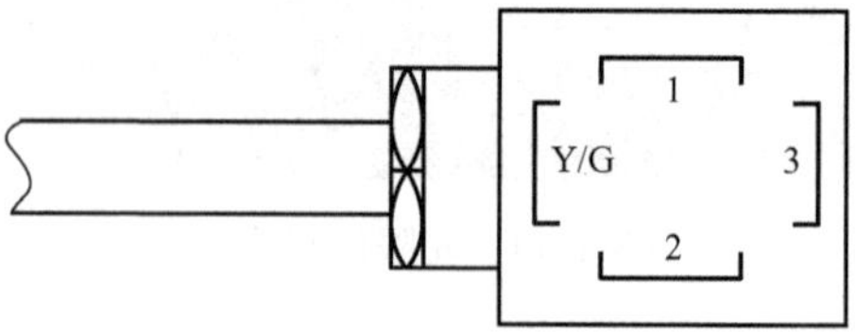

1
Y/G
3
2

图3-1-22　连接器

5）编号为10W1的电缆端头制作方法如下所示。

按图3-1-23所示尺寸剥线；屏蔽梳散束圆连同地线用小号热缩套管包覆绝缘，热缩套管口预留导体外露；穿入大号热缩套管；单芯线套入管形预绝缘接头，屏蔽加接地套入窥口型接线端子，分别用专用压接钳压紧；热风枪加热热缩套管将屏蔽及外被完全包覆。

6）编号为55W2的电缆端头制作方法如下所示。

按图3-1-24所示尺寸剥线；屏蔽层梳散等份分成两股束圆，用小号热缩套管包覆绝缘，端口预留导体外露；穿入大号热缩套管；芯线套入管形接头，放入压接钳对应压槽压紧；热风枪加热热缩套管将屏蔽及外被完全包覆。

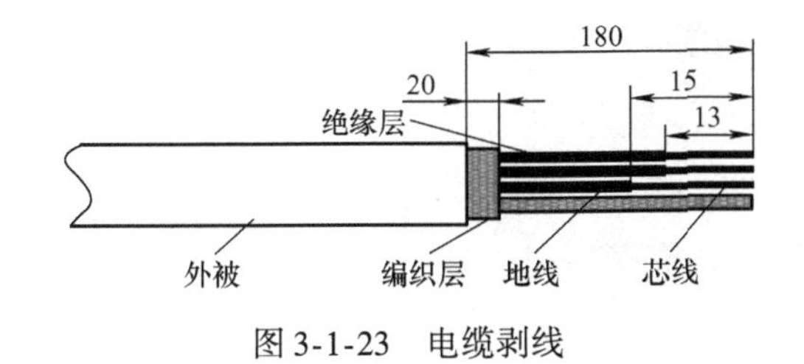

图3-1-23　电缆剥线

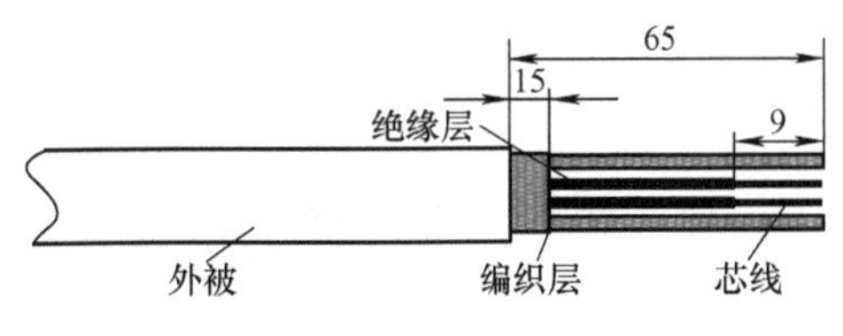

图3-1-24　电缆剥线

7）编号为78W8和99W7的电缆端头制作方法一致，如下所示。

按图3-1-25所示尺寸剥线；电缆穿入热缩套管；芯线套入管形预绝缘接头，放入压接钳对应压槽压紧；热风枪加热热缩套管将屏蔽及外被完全包覆。

8）编号为98W1、98W7、99W2（HENSE端）的电缆端头制作方法如下。

按图3-1-26所示尺寸剥线；屏蔽梳散束圆连同地线用小号热缩套管包覆绝缘，端口预留导体外露；电缆套入大号热缩套管；白色标识套管对应编号套入单芯线；1号单芯线并联一根开关线并铆压管形接头，5号单芯线剥皮后用ϕ3mm热缩套管包覆，其他信号线铆压管形接头；屏蔽及地线铆压M5圆形接头（见图3-1-27、图3-1-28）；热风枪加热热缩套管将屏蔽及外被完全包覆；电缆套入转接头及外壳，用开口扳手锁紧；芯线端子按pin位（左下为第1位pin）接入连接器模块，装入外壳锁紧（见图3-1-29、图3-1-30）。

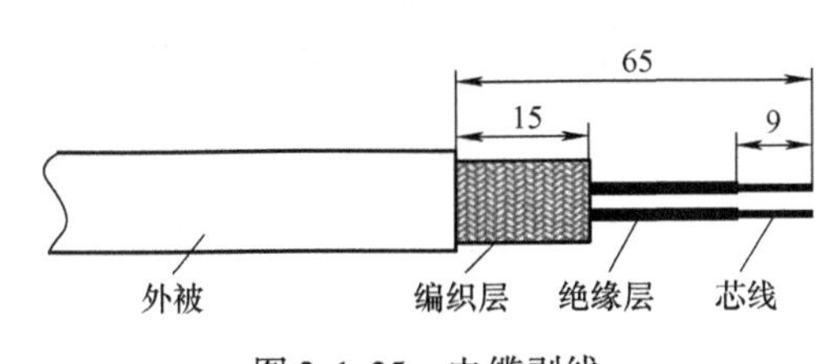

图3-1-25　电缆剥线

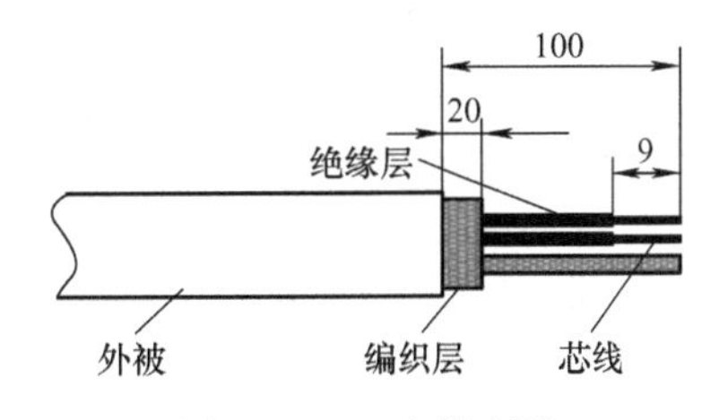

图3-1-26　电缆剥线

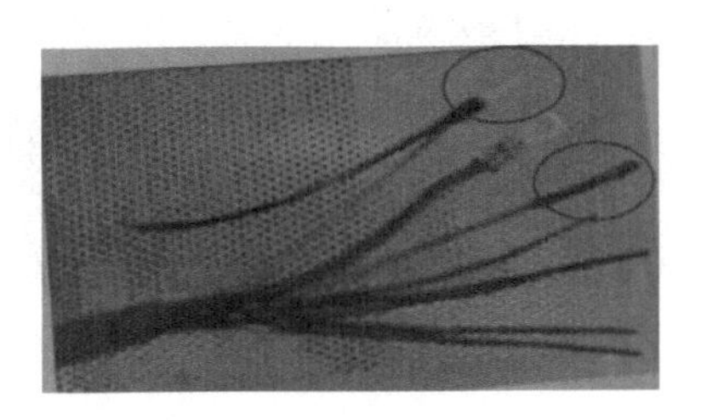

图3-1-27　屏蔽线

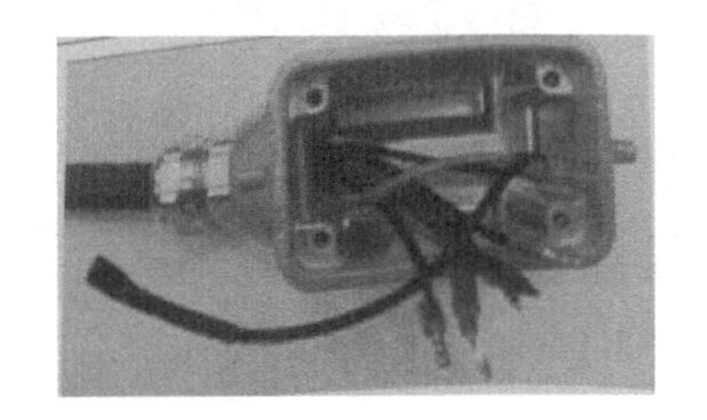

图3-1-28　M5圆形接头

图 3-1-29　电缆套入转接头及外壳

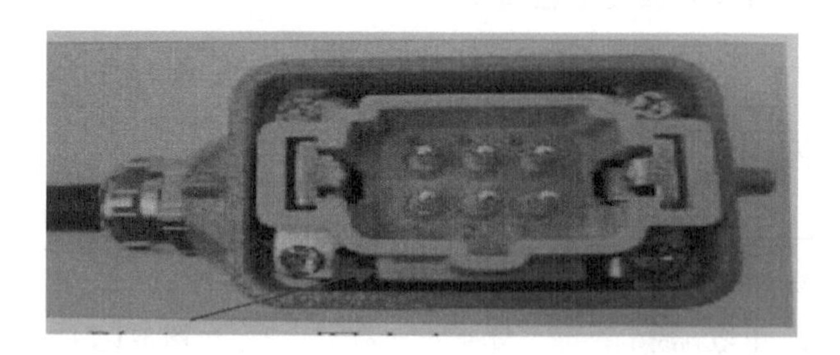

图 3-1-30　端子按 pin 位接入连接器模块

9）编号为 98W1、98W7、99W2（17 针圆形插头）的电缆端头制作方法如下。

按图 3-1-31 所示尺寸剥线；地线剪短平齐屏蔽与屏蔽导通（见图 3-1-32）；电缆套入大号热缩套管；白色标识套管对应编号套入单芯线；热风枪加热热缩套管将屏蔽及外被包覆，屏蔽端口外漏 10 ~ 15mm 接地；电缆套入转接头及外壳，用开口扳手锁紧（见图 3-1-33）；芯线剥皮预浸锡；芯线按 pin 位焊接在连接器上（见图 3-1-34）；连接器焊接端套入芯线保护套，将转接头用扳手锁紧（见图 3-1-35）。

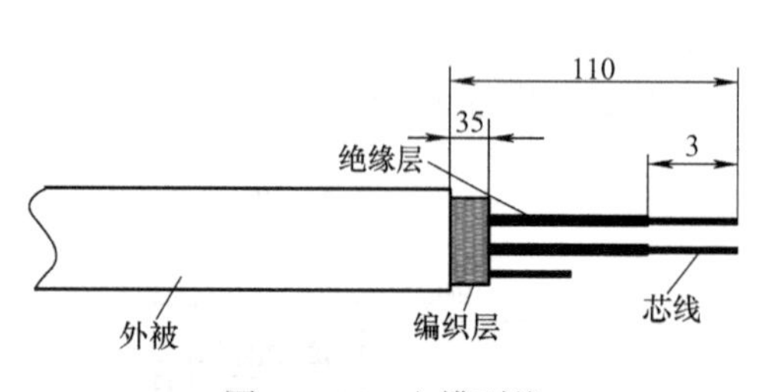

图 3-1-31　电缆剥线

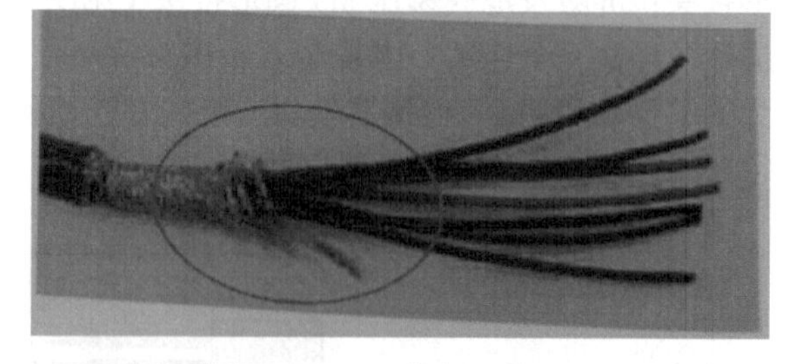

图 3-1-32　地线与屏蔽接法

图 3-1-33　电缆套入外壳

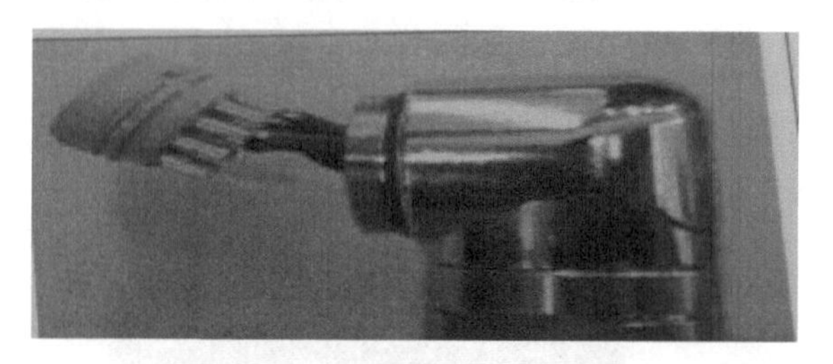

图 3-1-34　芯线焊接在连接器上

图 3-1-35　连接器焊接端套入芯线保护套

10）编号为 13W10、33W10、53W10 的电缆端头制作方法如下。

KVCY 4×1.5mm^2 按图 3-1-36 所示尺寸剥线；电缆套入转接头，屏蔽与转接头导通，再穿入外壳用开口扳手锁紧（见图 3-1-37、图 3-1-38）；白色标识套管对应编号套入单芯线；芯线按 pin 位要求穿入同轴连接器模块压紧（见图 3-1-39）；连接器模块装入外壳用螺钉锁紧（见图 3-1-40）。

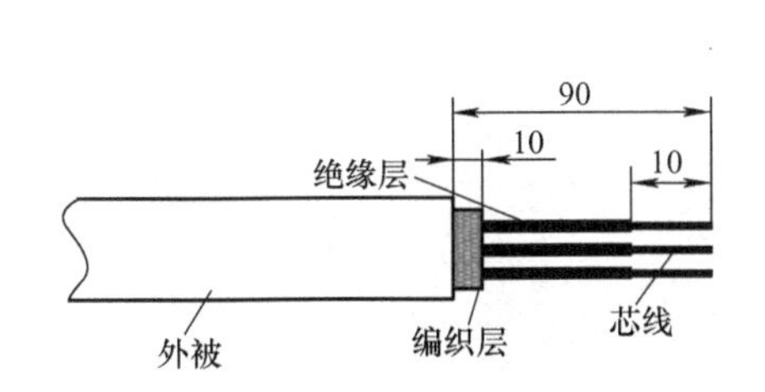

图 3-1-36　电缆剥线

图 3-1-37　电缆套入转接头

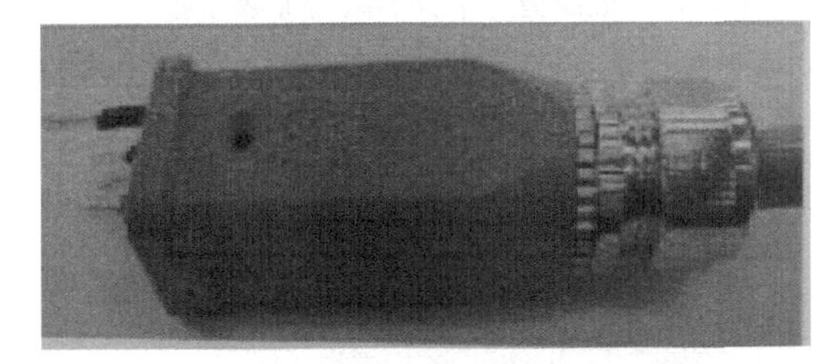

图 3-1-38　穿入外壳用开口扳手锁紧

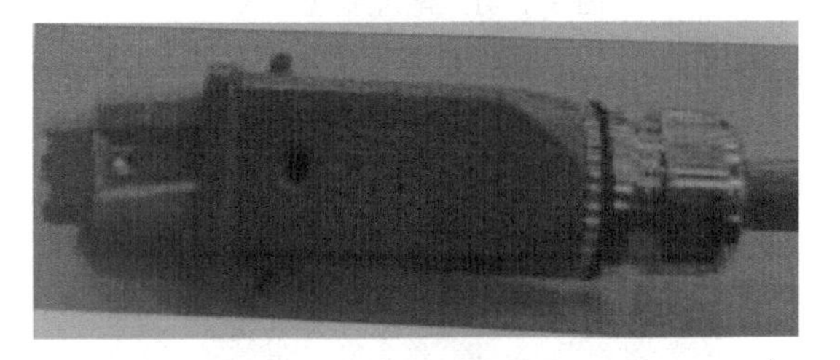

图 3-1-39　同轴连接器模块

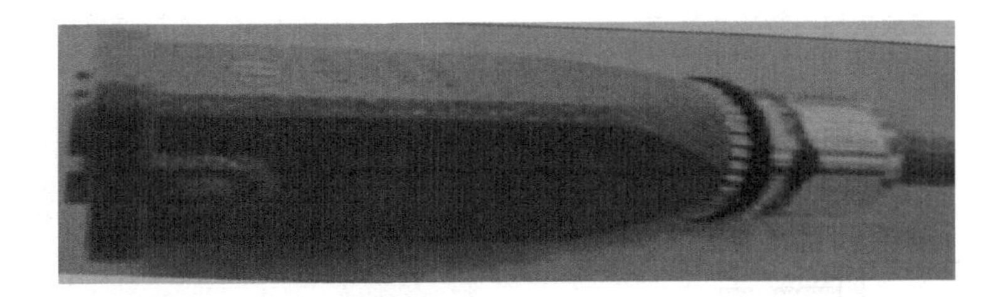

图 3-1-40　连接器模块装入外壳

11）编号为 13W1、33W1、53W1 的电缆第一端制作方法如下所示。

F－CY－JZ 4×1.5mm^2 按图 3-1-41 所示尺寸剥线；地线剪短平齐屏蔽与屏蔽导通

（见图3-1-42）；白色标识套管对应编号套入单芯线；电缆穿过转接头，屏蔽接地与转接头导通（见图3-1-43），再穿入外壳，用开口扳手锁紧；芯线穿入公针 harting 端子，用 harting 压接钳压紧；将 harting 端子按 pin 位镶入 D 连接器模块（见图3-1-44）；TRONIC - CY3 ×0.25mm² 按图3-1-45所示尺寸剥线；屏蔽梳散束圆用小号热缩套管包覆绝缘，端口预留导体外露；白色标识套管对应编号套入单芯线；裁取一根约60mm长的单芯线作为辅助线（见图3-1-46）；辅助线、电缆芯线穿入公针 harting 端子，用 harting 压接钳压紧，屏蔽套入管形接头压紧（见图3-1-47）；芯线穿过转接头穿入外壳；将公针 harting 端子按 pin 位镶入 F 连接器模块，屏蔽接入铁壳接地（见图3-1-48）；H07V - K 2.5mm² 黑、H07V - K 1.0mm² 红、灰电缆按图3-1-49所示尺寸剥线；芯线穿入公针 harting 端子，用 harting 压接钳压紧；H07V - K 2.5mm² 黑电缆公针 harting 端子穿过转接头穿入外壳（见图3-1-50），按 pin 位镶入 C 连接器模块；H07V - K 1.0mm² 红、灰电缆公针 harting 端子穿过转接头穿入外壳按 pin 位镶入 E 连接器模块；H07V - K 10mm² 黑电缆芯线穿过转接头（见图3-1-51）穿入外壳，插入 A、B 同轴连接器，用内六角扳手锁紧；H07V - K 10mm² 黄/绿电缆接入铁壳接地芯线；将连接器模块按 A ~ F 的顺序镶嵌于铁壳，装入外壳用螺钉锁紧（见图3-1-52）。

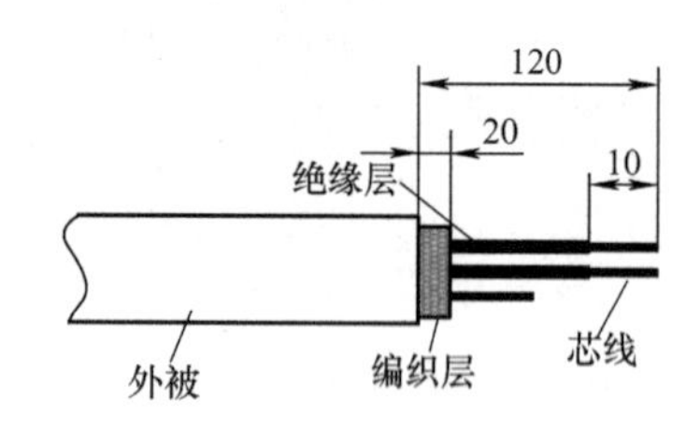

图3-1-41　电缆剥线

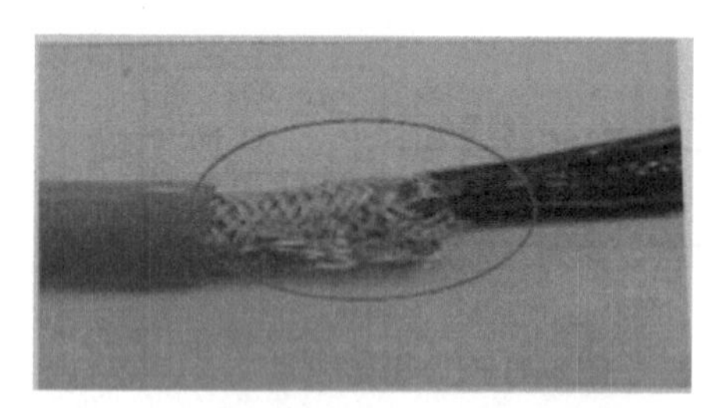

图3-1-42　地线剪短平齐屏蔽与屏蔽导通

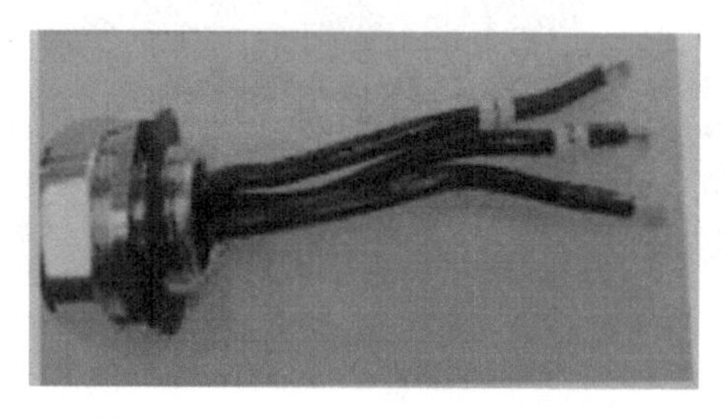

图3-1-43　屏蔽接地与转接头导通

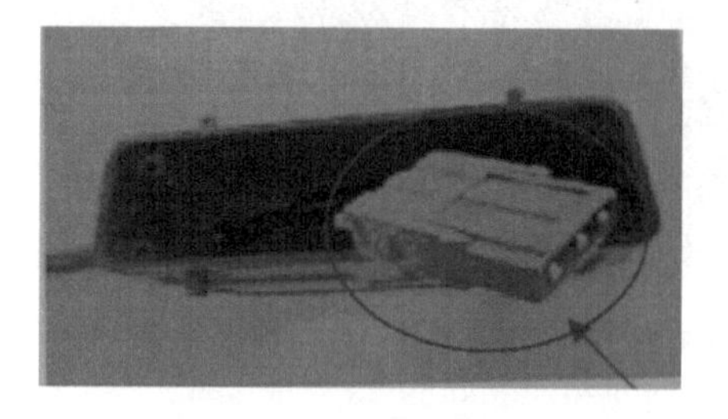

图3-1-44　连接器模块

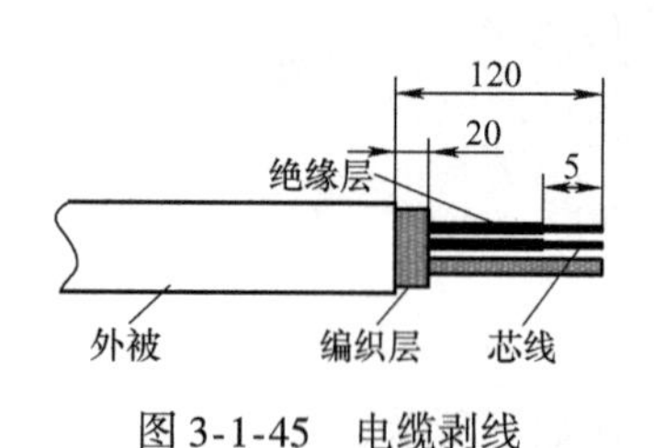

图3-1-45　电缆剥线

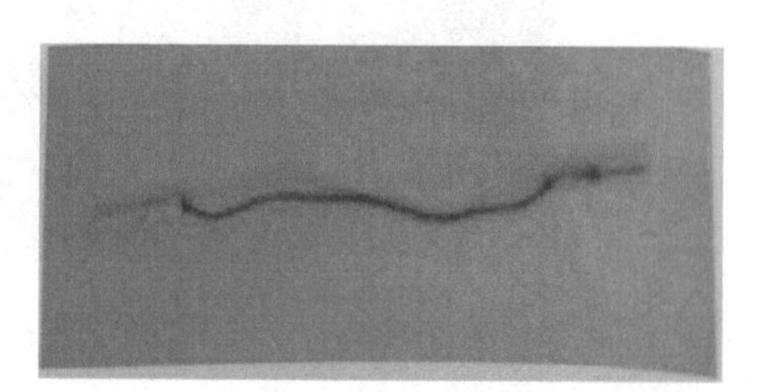

图3-1-46　裁取单芯线

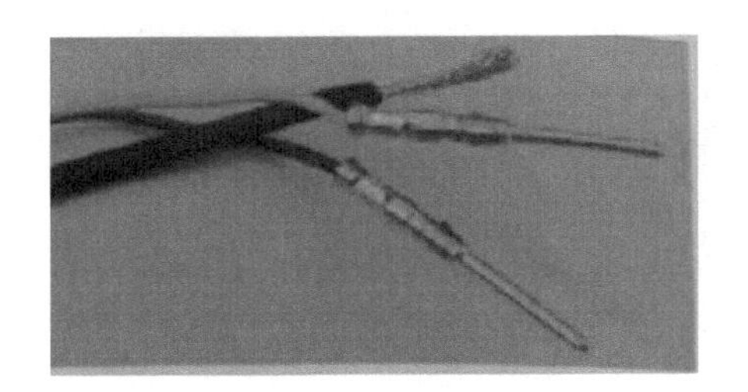

图 3-1-47　穿入公针

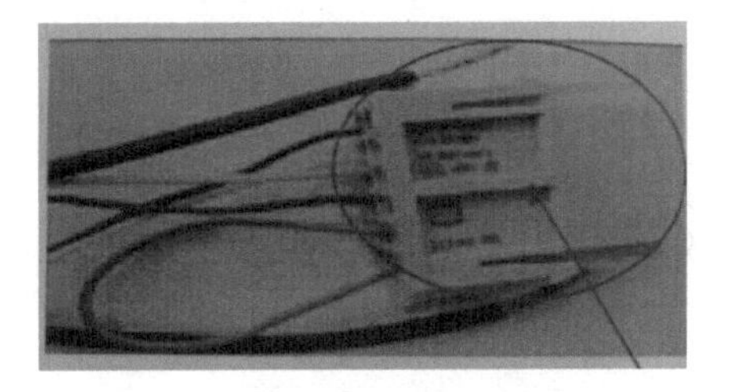

图 3-1-48　屏蔽接入铁壳接地

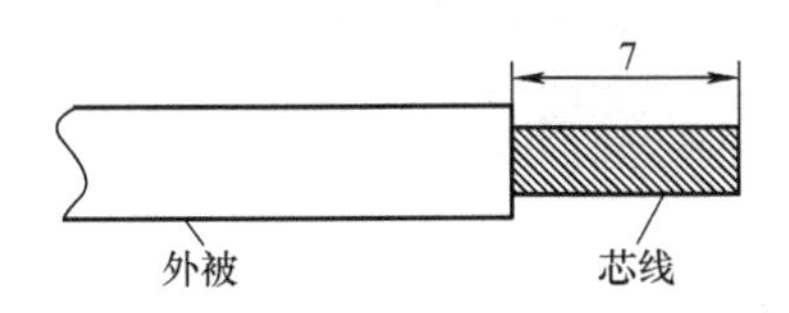

图 3-1-49　电缆剥线

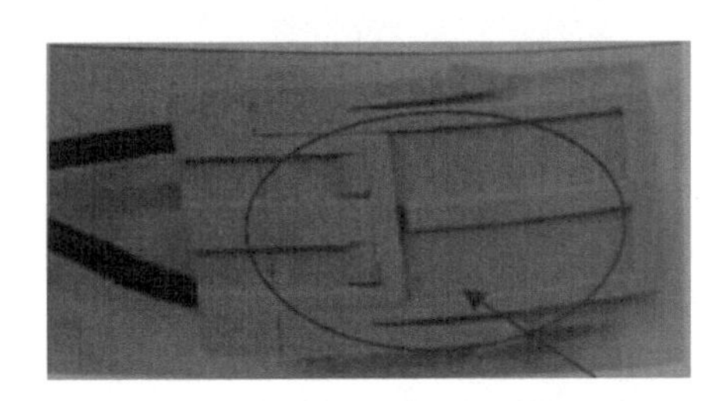

图 3-1-50　黑电缆公针穿过转接头

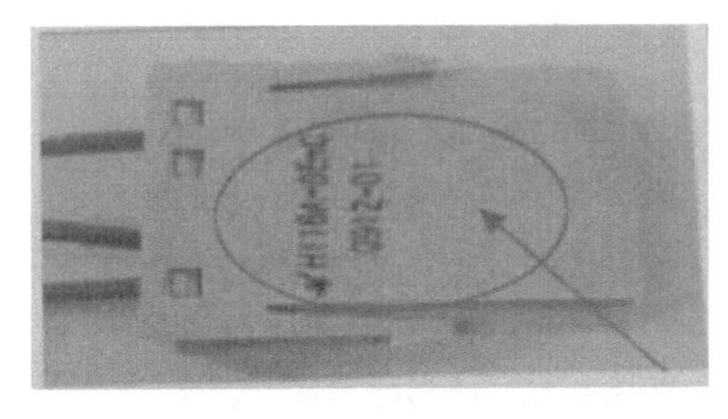

图 3-1-51　黑电缆穿过转接头

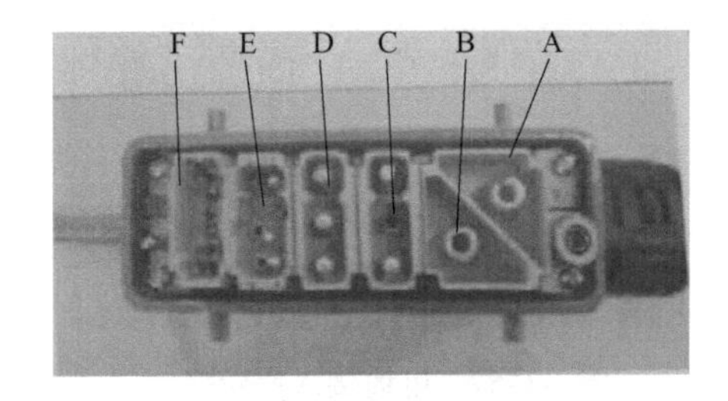

图 3-1-52　将转接线接入铁壳

12）编号为 13W1、33W1、53W1 的电缆第一端制作完成后可进行第二端的制作，方法如下所示。

TRONIC - CY3 ×0.25mm^2 按图 3-1-53 所示尺寸剥线；屏蔽梳散束圆用小号热缩套管包覆绝缘，端口预留导体外露；将所有电缆穿入尼龙套管，尼龙套管卡紧于转接头；白色标识套管对应编号套入单芯线；TRONIC - CY3 ×0.25mm^2 芯线穿入母针 harting 端子，用 harting 压接钳压紧，屏蔽套入管形接头压紧（见图 3-1-54）；H07V - K 2.5mm^2 黑电缆，H07V - K1.0mm^2 红、灰电缆，H07V - K 10mm^2 黑电缆，H07V - K 10mm^2 黄/绿电缆按图 3-1-55 所示尺寸剥线；芯线穿入母针 harting 端子，用 harting 压接钳压紧；将所有电缆穿过转接头穿入外壳，将尼龙套管卡紧于转接头；TRONIC - CY3 ×0.25m^2 芯线将母针 harting 端子按 pin 位镶入 A 连接器模块，屏敝接入铁壳接地；H07V - K 2.5mm^2 黑电缆、H07V - K 1.0mm^2 红、灰电缆将母针 harting 端子按 pin 位镶入 B 连接器模块（见图 3-1-56）；H07V - K 10mm^2 黑电缆将母针 harting 端子按 pin 位镶入 C 连接器模块；H07V - K 10mm^2黄/绿电缆接入铁壳接地（见图 3-1-57）；将连接器模块按 A ~ C 的顺序嵌入铁壳，装入外壳用螺钉锁紧（见图 3-1-58）。

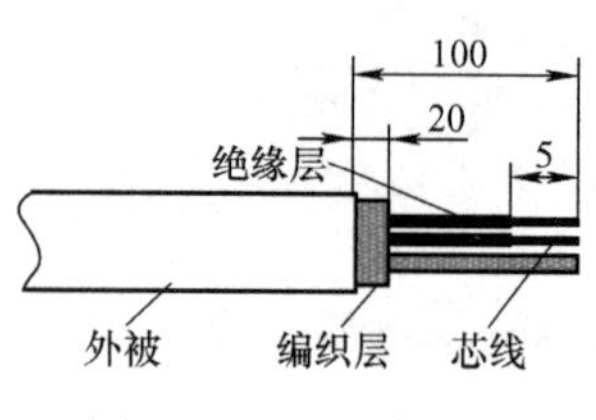

图 3-1-53　电缆剥线

图 3-1-54　屏蔽套入管形接头

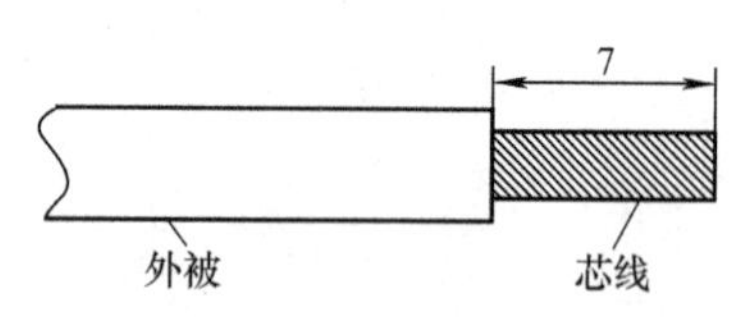

图 3-1-55　电缆剥线

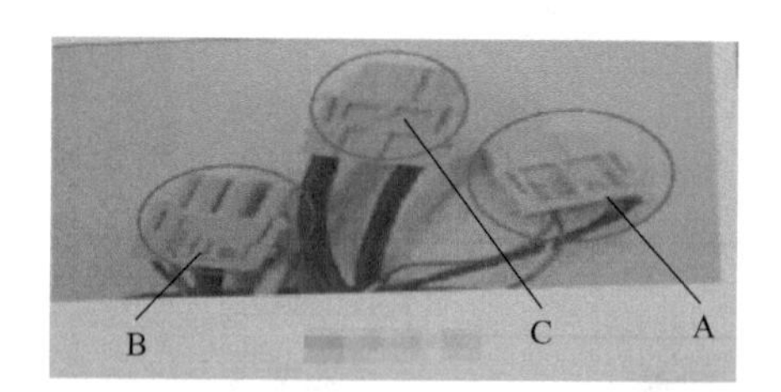

图 3-1-56　红、灰电缆镶入 B 连接器

图 3-1-57　电缆接入铁壳接地

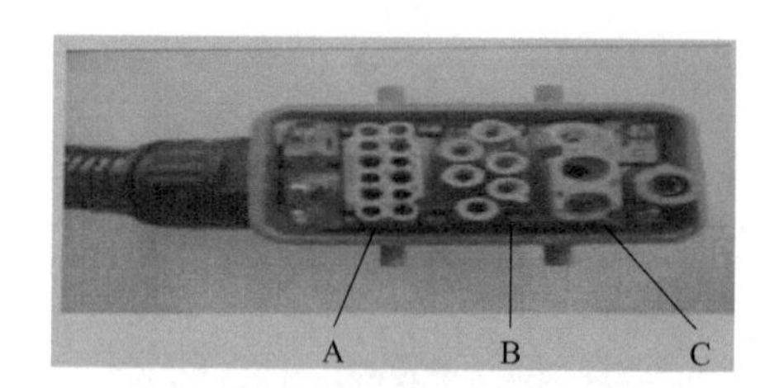

图 3-1-58　将转接器嵌入铁壳

13）上一步骤完成后，可制作编号为 11W1、11W2、11W3 两端（两端制作方法一致）的电缆端头。

TRONIC－CY3 ×0.25mm² 两端都按图 3-1-59 所示尺寸剥线；屏蔽梳散束圆用小号热缩套管包覆绝缘，端口预留导体外露；白色标识套管对应编号套入单芯线；芯线穿入公针 harting 端子，用 harting 压接钳压紧，屏蔽套入管形接头压紧；芯线穿过转接头后穿入外壳；将公针 harting 端子按 pin 位镶入 C 连接器模块，屏蔽接入铁壳接地；H07V－K 1.0mm² 红、灰电缆，H07V－K 1.5mm² 蓝、棕电缆按图 3-1-60 所示尺寸剥线；芯线穿入母针 harting 端子，用 harting 压接钳压紧；母针 harting 端子穿过转接头穿入外壳按 pin 位镶入 D 连接器模块；H07V－K 10mm² 黄、紫电缆穿过转接头穿入外壳插入公针 A、B 同轴连接器，用内六角扳手锁紧；H07V－K 10mm² 黄/绿电缆接入铁壳接地（见图 3-1-61）；将连接器模块按 A ~ D 的顺序嵌入铁壳，装入外壳用螺钉锁紧（见图 3-1-62、图 3-1-63）；将电缆贯穿尼龙套管，穿过转接头后穿入外壳，并将尼龙套管卡紧于转接头；TRONC－Y3 ×0.2mm² 电缆穿入母针 harting 端子镶入 C 连接器模块，屏蔽接入；H07V－K 1.0mm² 红、灰电缆，H07V－K 1.5m² 蓝、棕电缆接入公针 harting 端子镶入 D 连接器模块；H07V－K 10mm² 黄、紫电缆插入 B、A 同轴连接器，用内六角扳手锁紧；将连接器模块按 A ~ D 的顺序嵌入铁壳，装入外壳用螺钉锁紧（见图 3-1-64）。

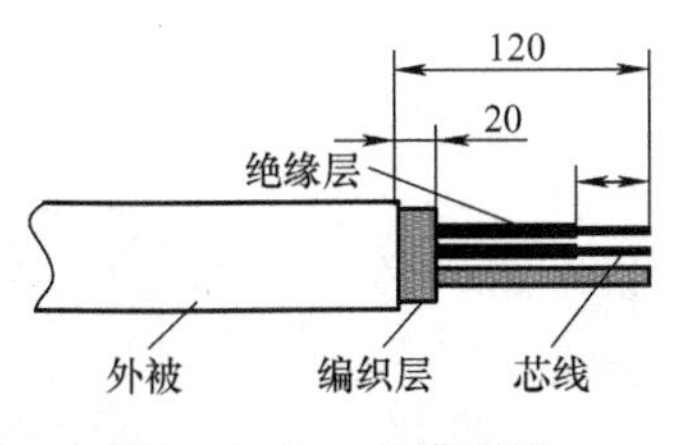

图 3-1-59　电缆剥线

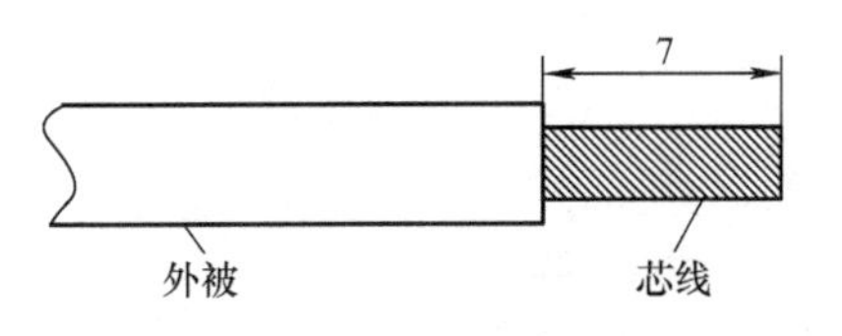

图 3-1-60　电缆剥线

图 3-1-61　电缆芯线

图 3-1-62　连接器模块镶嵌于铁壳

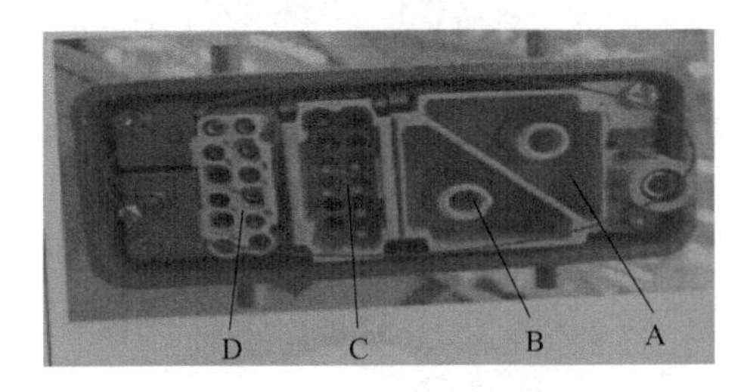

图 3-1-63　外壳用螺钉锁紧

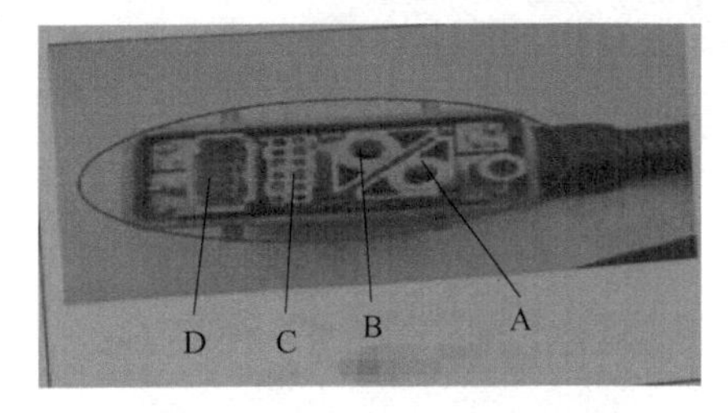

图 3-1-64　将连接器模块嵌入铁壳

制作完编号为 11W1、11W2、11W3 两端的电缆端口后，再取出编号为 13W7、33W7、55W7 的电缆，这三条电缆无须进行其他处理，且元件自带。之后即可对轮毂组件进行接线了。

4. 轮毂组件接线

1）限位开关固定于限位开关安装架上（见图 3-1-65），38W6（见图 3-1-66）、74W1（见图 3-1-67）、74W2（见图 3-1-68）三线并缆经电缆导向压入轮毂（见图 3-1-69），沿电缆导向条、电池柜支撑架向上布线至轮毂控制柜 2（见图 3-1-70）。38W6 接入轮毂控制柜 2 对插插头（见图 3-1-71）。74W1、74W2 过轮毂控制柜 2 过线孔，沿轮毂控制柜 2 走线槽进入控制柜，沿轮毂控制柜 3 走线槽布线接于 74X1 端子（见图 3-1-72）。

图 3-1-65　限位开关

图 3-1-66　38W6 线缆导向

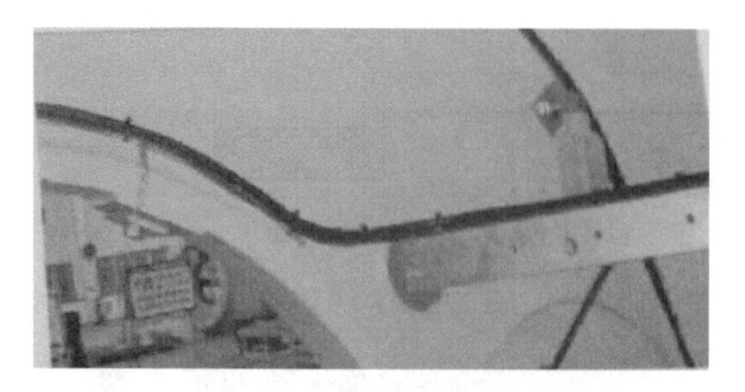

图 3-1-67　74W1 线缆导向

图 3-1-68　74W2 线缆导向

图 3-1-69　三线压入轮毂

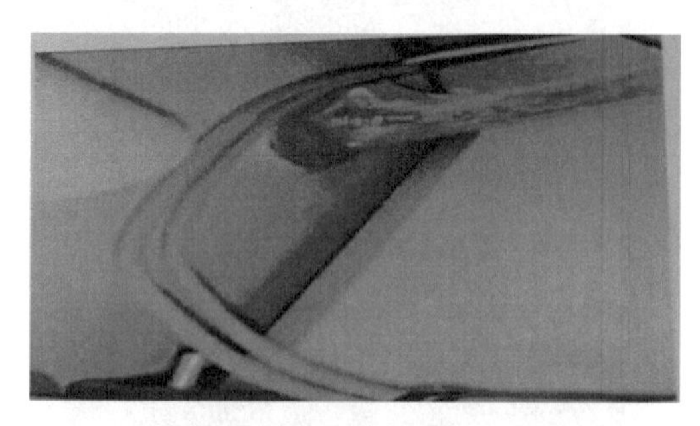

图 3-1-70　电缆导向

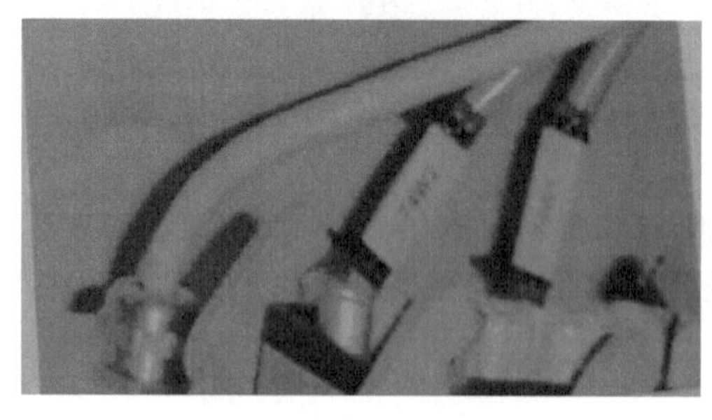

图 3-1-71　对插插头

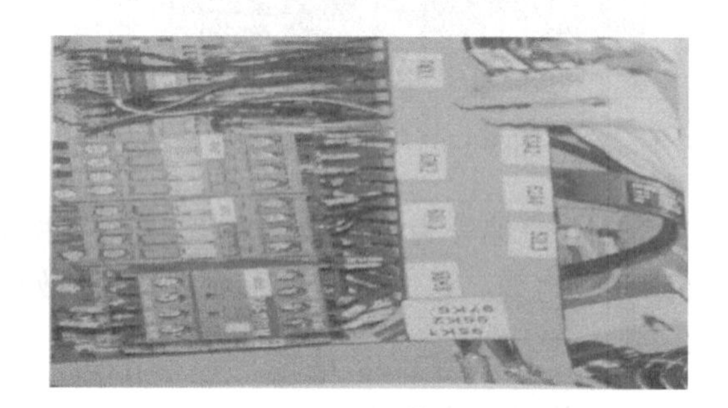

图 3-1-72　控制柜布线

2）74W3 沿电池支撑架、电缆导向条向上布线至轮毂控制柜 3（见图 3-1-73）与 74W5、74W6 并缆起布线至 74X1（见图 3-1-74）。

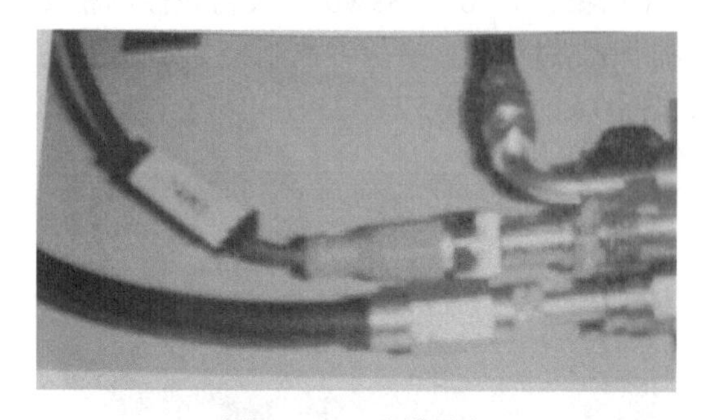

图 3-1-73　电缆导向

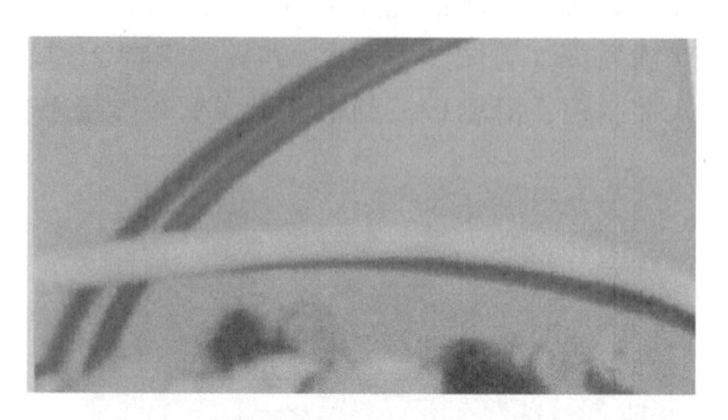

图 3-1-74　电缆导向

3）限位开关固定于限位开关安装架上（见图3-1-75），58W6经电缆导向条进入轮毂（见图3-1-76），经电线导向条、电池柜支撑架（见图3-1-77）走向轮毂控制柜3（见图3-1-78），接于控制柜对插插头（见图3-1-79）。

图3-1-75　限位开关

图3-1-76　电缆导向

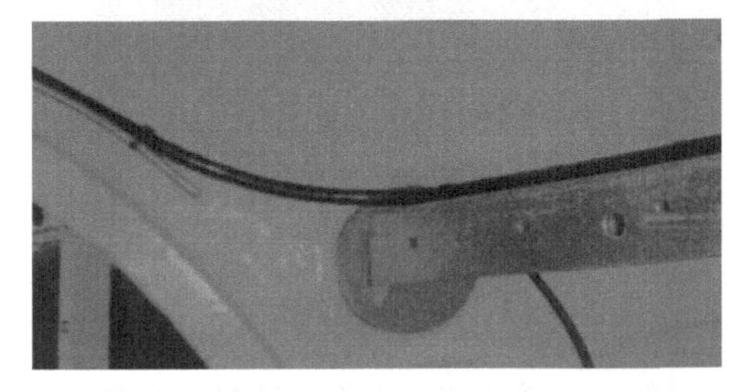

图3-1-77　电缆导向

图3-1-78　电缆导向

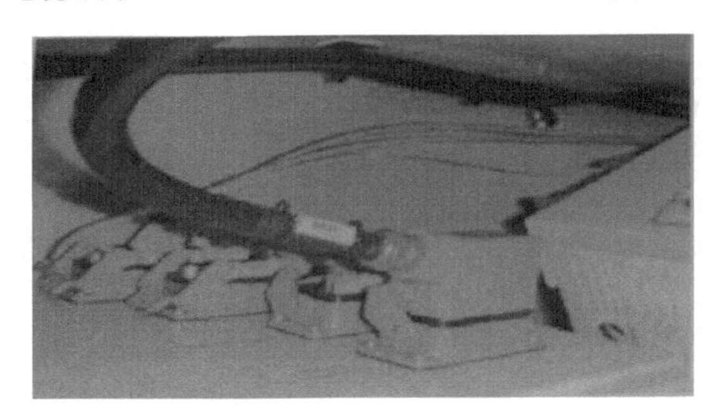

图3-1-79　电缆导向

4）99W2过轮毂控制柜3过线孔（见图3-1-80）沿控制柜内电缆走线槽布线至99X1（见图3-1-81）。

图3-1-80　99W2电缆导向

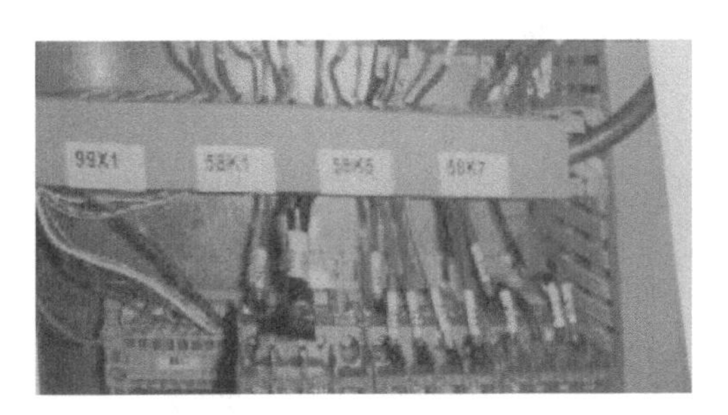

图3-1-81　控制柜内走线

5）78W8 过轮毂控制柜 3（见图 3-1-82）沿电缆走线槽布线至 78A4（见图 3-1-83）。

图 3-1-82　78W8 电缆导向

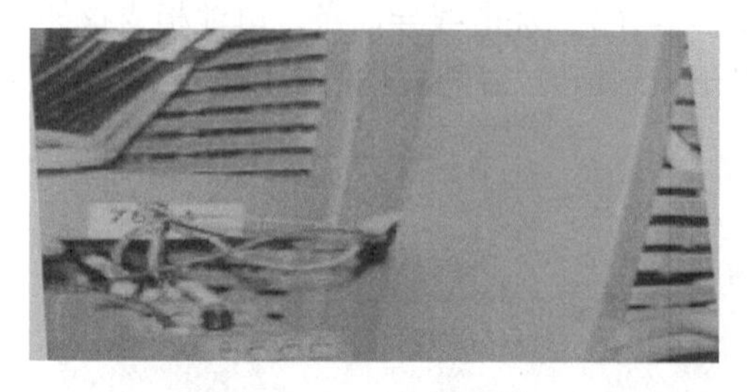

图 3-1-83　电缆走线

6）55W2 集电环 CAN 总线（见图 3-1-84）过轮毂控制柜 3 接入 55A1（见图 3-1-85）。

图 3-1-84　55W2 电缆导向

图 3-1-85　电缆布线

7）10W1 集电环电源线（见图 3-1-86）过轮毂控制柜 1 接入 X1 端子（见图 3-1-87）。

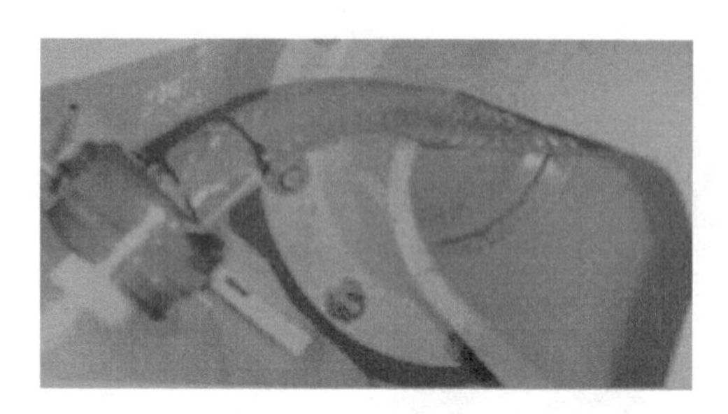

图 3-1-86　电缆布线

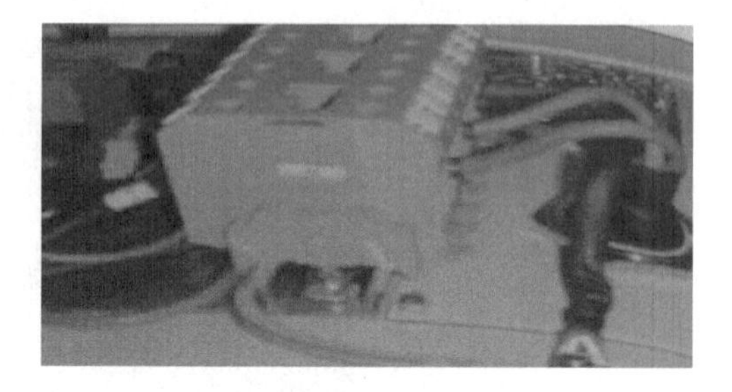

图 3-1-87　电缆布线

8）13W7、98W1 对接轮毂控制柜后并缆（见图 3-1-88），沿电池支撑架反 C 形走线（见图 3-1-89），沿电缆导向条走线至变桨电动机尾端，接于速度编码器和角度编码器（见图 3-1-90）。

图 3-1-88　电缆导向

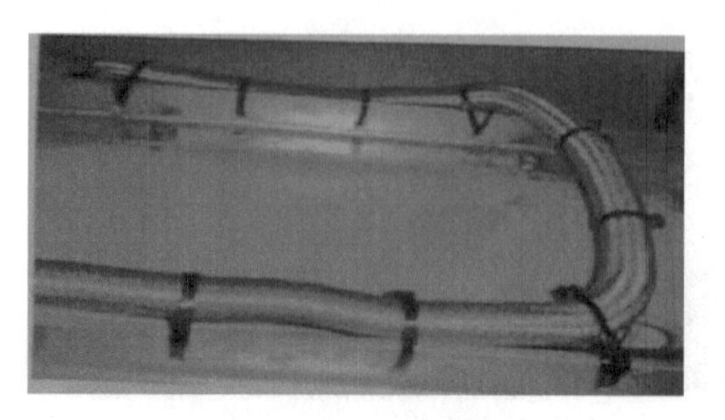

图 3-1-89　电缆导向

图 3-1-90 电缆导向

9）33W7、98W7 及 53W7、99W2 与 13W7、98W1 电缆走线方式相同。

10）11W1、11W2、11W3 电缆由控制柜直接接入电池柜（见图 3-1-91）。

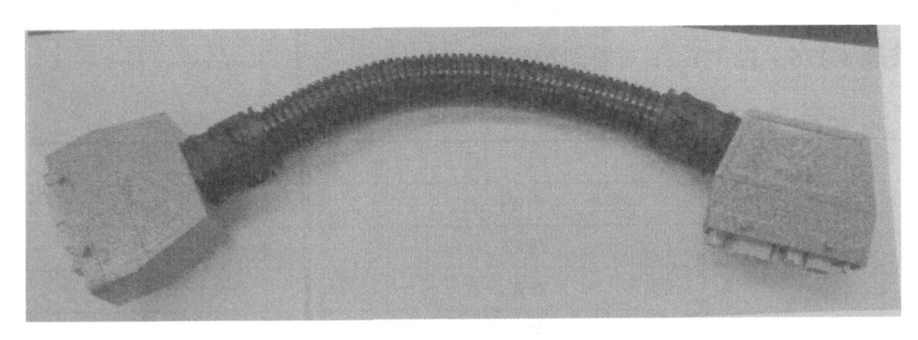

图 3-1-91 电缆

11）13W1、33W1、53W1 及 13W10、33W10、53W10 电缆接轮毂控制柜（见图 3-1-92），沿电池支撑架呈反 C 形走线（见图 3-1-93），沿电缆导向条走线至变桨电动机及变桨电动机风扇（见图 3-1-94）。

图 3-1-92 电缆接轮毂控制柜

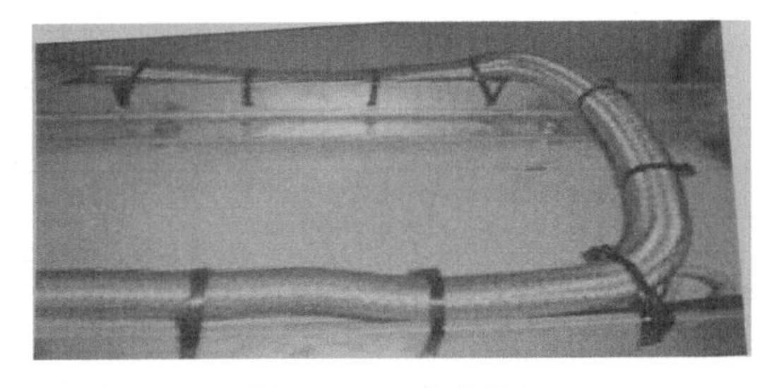

图 3-1-93 电缆导向

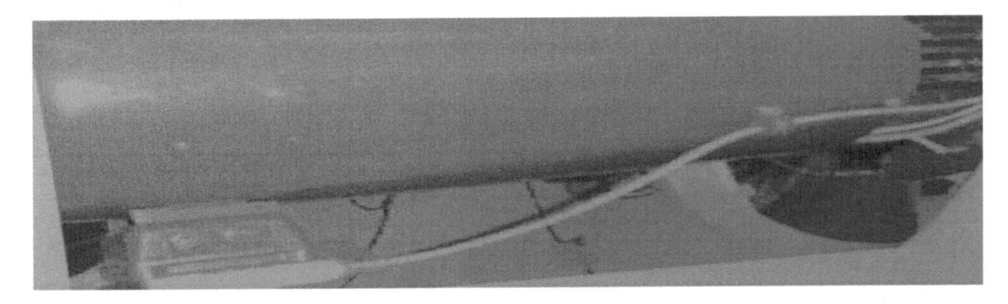

图 3-1-94 电缆导向

5. 控制柜接线

1）按图 3-1-95 所示尺寸剥线；电缆穿入热缩套管；白色标识套管对应编号套入单芯线；单芯线套入管形接头，放入压接钳对应压槽压紧；热风枪加热热缩套管将屏蔽及外被完全包覆。

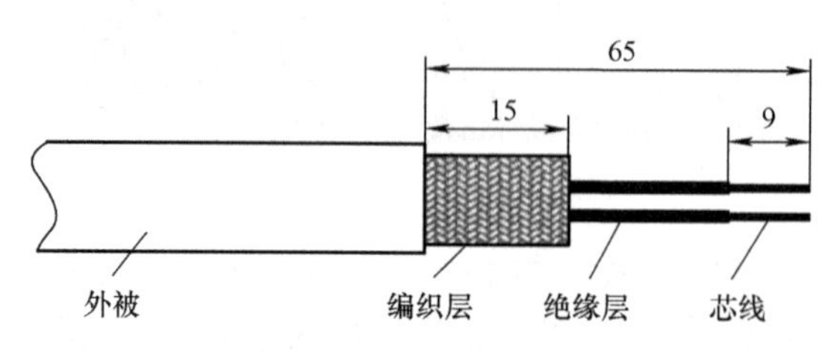

图 3-1-95　剥线尺寸

2）按表 3-1-6 ~ 表 3-1-11 对轮毂控制柜接线。

表 3-1-6　集电环超速传感器接线表

轮毂组件	线　　号	接线端子
超速传感器	78W8 -黑	78A4 - OVS
	78W8 -红	78A4 - V
	78W8 -黄	78A4 - Sing
	78W8 -屏蔽线	78A4 - SH

表 3-1-7　集电环 CAN 通信线接线表

轮毂组件	线　　号	接线端子
CAN 通信线	55W2 -棕	55A1 - 7
	55W2 -白	55A1 - 11
	55W2 - PE	55A1 - 9
	55W2 - PE	55A1 - 3

表 3-1-8　集电环速度编码器接线表

轮毂组件	线　　号	接线端子
集电环速度编码器	99W6 -绿	99X1 - 1
	99W6 -棕	99X1 - 2
	99W6 -灰	99X1 - 3
	99W6 -黑	99X1 - 4
	99W6 -白	99X1 - 5
	99W6 -粉	99X1 - 6
	99W6 -红	99X1 - 7
	99W6 -蓝	99X1 - 8

表 3-1-9　变桨轴承油脂泵电源接线表

轮毂组件	线　　号	接线端子
变桨轴承油脂泵电源	4W2-1	X3-4
	4W2-2	X3-5
	4W2-PE	PE

表 3-1-10　变桨轴承油脂泵液位接线表

轮毂组件	线　　号	接线端子
变桨轴承油脂泵液位	4W3-1	X3-6
	4W3-2	X3-7
	4W3-PE	PE

表 3-1-11　变桨轴承油脂泵流量接线表

轮毂组件	线　　号	接线端子
变桨轴承油脂泵流量	4W4-1	X3-8
	4W4-2	X3-9
	4W4-PE	X3-10

6. 轮毂整理、包装

轮毂接线完成后，集电环电源线及 CAN 通信线缠绕成圈用尼龙绳系于集电环上，并用 PE 透明胶包裹以防止损坏。扣紧轮毂控制柜门闩，用钥匙锁好。

四、变桨系统电气接线检测

变桨系统的电气接线工作完成后，为确保质量与后期整机装配，工作人员需检查各个部位的工作是否符合标准。检查时需细致有效，不能放过任何细小的零件，以免出现后期返工误人误己。

1）检查所有连接线是否满足工艺要求。

2）检查所有电缆外被是否有破损。

3）检查所有轮毂组件接线是否正确。

4）检查接地线是否接通，螺栓是否扭紧。

5）检查所有端子是否卡紧、导通，固定螺栓是否拧紧。

❖　任务实训

一、实训目的

1）理解直驱风力发电机组变桨系统电气结构。

2）理解直驱风力发电机组变桨系统内部电气器件组成。

3）掌握直驱风力发电机组变桨系统电气装配过程。

4）掌握直驱风力发电机组变桨系统电气装配工艺。
5）理解直驱风力发电机组变桨系统电气器件工作原理。

二、实训内容

1）依据端子接线图及提供的器件、工具，完成电气柜与3个变桨电动机的连接。
2）依据端子接线图及提供的器件、工具，完成电气柜与3个编码器的连接。
3）依据端子接线图及提供的器件、工具，完成电气柜与6个限位开关的连接。
4）依据端子接线图及提供的器件、工具，完成电气柜与外部急停开关的连接。

三、实训器材

风力发电机组安装与调试设备变桨系统电气接线所需实训器材见表3-1-12。

表3-1-12　变桨系统电气接线所需实训器材

序　号	名　称	型号与规格	单　位	数　量
1	变桨电动机	标准设备	台	3
2	变桨编码器	标准设备	个	3
3	限位开关	标准设备	个	6
4	电工工具	标准配件	套	1
5	数字万用表	标准配件	台	1
6	线号	标准配件	套	1
7	记录纸	A4	张	5
8	文具		套	1
9	安全帽	标准设备	个	3
10	安全鞋	标准设备	双	3

四、实训步骤

1. 变桨系统电气部件认识

变桨系统电气结构如图3-1-96所示。

（1）变桨电动机　变桨电动机为变桨减速器提供转矩，带动变桨减速器工作。变桨减速器为3级行星减速结构，将变桨电动机传递过来的转矩增大，然后带动叶片改变叶片的桨距角。

（2）变桨控制柜　变桨控制柜是控制变桨电动机改变桨距角的装置。其控制变桨电动机为变桨系统提供转矩，变桨系统通过另外一端的变桨齿轮，把力传递到变桨轴承上面，使变桨轴承旋转，改变叶片的迎风角度。

（3）旋转编码器　旋转编码器采集变桨轴承旋转位置（叶片桨距角）信号，通过集电环输送到主控系统中。

（4）限位开关　限位开关为叶片91°以及95°限位开关，其保证了叶片在旋转过程中的安全。

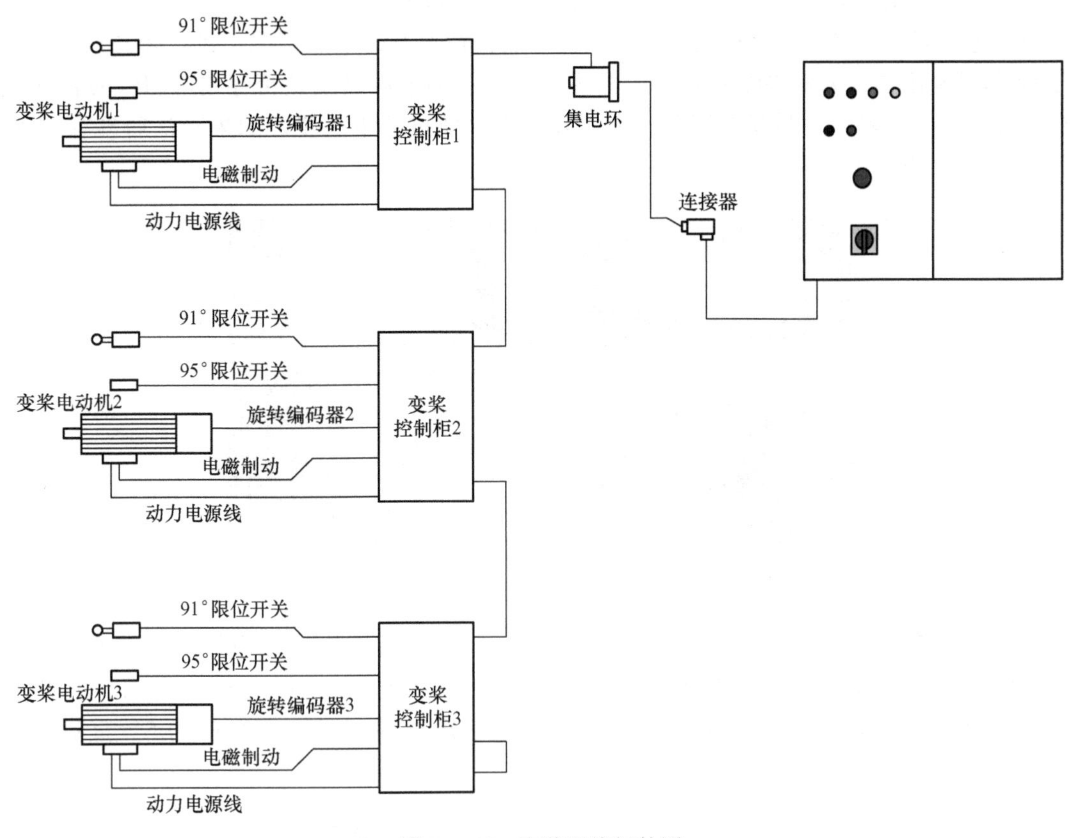

图 3-1-96　变桨系统拓扑图

2. 变桨电动机接线

依据提供的端子接线图，完成变桨电动机 1 接线（连接电气部件前，必须先切断系统电源）。

1）选取多芯航空插头电缆，使用一字螺钉旋具将母头出线端对应电线与变桨控制柜 1 号端子相连接，依据接线图标注线号。

2）选取与 1）对应的多芯航空插头公头，旋转航空插头螺母将航空插头锁死。

3）使用万用表测量该线路是否闭合。

4）依据接线图标注线号，通过快速插排连接，将带有信号出线端的航空插头公头与标有“电机正极”变桨电动机 1 连接。

5）参照上述 4）的变桨电动机 1 正极接线方式，完成变桨电动机 2、变桨电动机 3、编码器 1、编码器 2、编码器 3、变桨 1 91°限位开关、变桨 1 95°限位开关、变桨 2 91°限位开关、变桨 2 95°限位开关、变桨 3 91°限位开关、变桨 3 95°限位开关的接线及外部手持急停开关。

3. 检查线路

1）依据提供的端子接线图检查线号标注。

2）使用万用表检查电气部件连接线路，验证接线准确、完好。

3）电气接线短路测试。接线全部检查完毕后，在没有通电的情况下进行短路检查，将万用表拨至电阻档，分别检测所有接了电源+的端子和电源之间是否存在电阻（见图3-1-97），如果存在电阻就说明存在短路，需排除故障才能进行下一步。如果确认后没有问题，则可继续进行下一步。

图3-1-97　短路检测

4）电气接线电压测试。通电但不接元器件。将万用表拨至直流电压档，对所有接了24V电源+的端子和电源-的端子进行检查，结果都应为24V直流电压（见图3-1-98）。然后对所有接了5V电源+的端子和电源-的端子进行检查，结果都应为5V直流电压（见图3-1-99）。

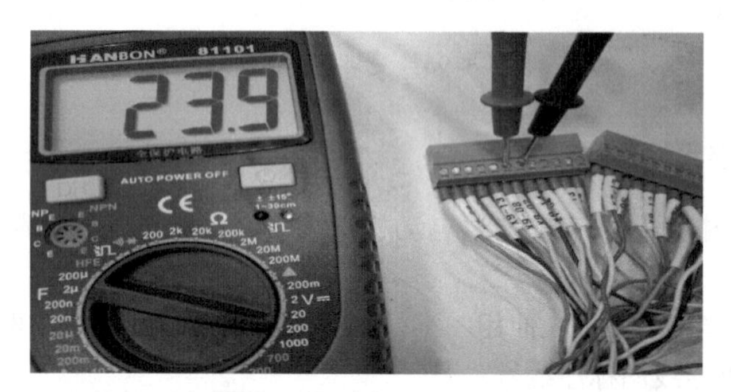

图3-1-98　24V电压检测

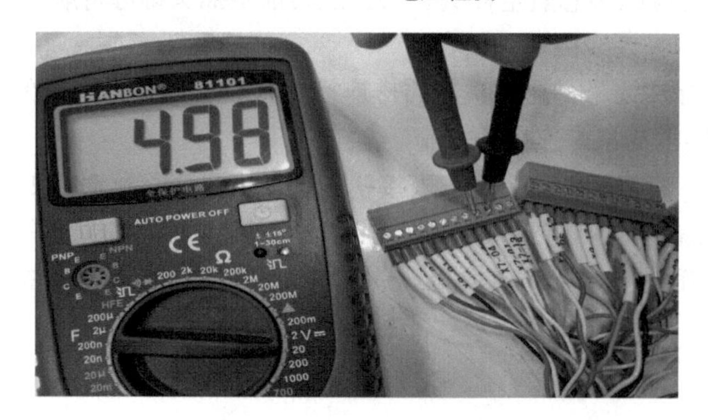

图3-1-99　5V电压检测

4. 整理检测

1）整理线路，检查接线牢固。
2）系统上电，闭合总断路器。

❖ 任务提升与总结

1. 任务提升

1）通过本任务的学习及查阅相关技术资料，说明变桨系统控制叶片进行变桨的基本原理。
2）通过本任务的学习及查阅相关技术资料，说明变桨系统中超级电容的作用及特点。

2. 任务总结

1）根据给定的资料，学生按小组分工撰写直驱风力发电机组变桨系统电气接线的实施方案（报告书）。每一小组选派一人进行汇报。
2）小组讨论，自我评述风电机组安装与调试设备变桨系统接线的完成情况及实施过程中遇到的问题，小组共同给出改进方案和提升效率的建议。

任务二　风力发电机组偏航系统的电气安装与调试

❖ 任务要求

风力发电机组机舱的机械部件装配完成后，就要进行偏航系统的电气接线。本任务就是根据风力发电机组偏航系统的电气手册，完成偏航系统的电气接线与检测。

❖ 任务资讯

一、风力发电机组偏航系统电气结构

偏航系统是风力发电机组特有的伺服系统，由偏航控制机构和偏航驱动机构两大部分组成，其中偏航控制机构包括风向传感器、偏航控制器、解缆传感器等几部分，偏航驱动机构包括偏航轴承、偏航驱动装置、偏航制动器等几部分，偏航系统电气结构拓扑图如图 3-2-1 所示。

偏航系统的工作原理如下：根据风向标确定的方向，偏航系统控制伺服电动机驱动偏航轴承内齿圈带动机头转动，使风轮正面迎风，在保证机组安全运行的同时实现最佳风能接收；当风向不发生改变或改变较小时，制动器锁定机头，避免机头不停摇摆带来的问题。

偏航系统的主要作用有两个：其一是与风电机组的控制系统相互配合，使风电机组的风轮始终处于迎风方向，充分利用风能，提高发电效率，同时在风向相对固定时提供必要的锁紧力矩，保障风电机组的安全运行；其二是风电机组可能持续一个方向偏航，为了保证机组

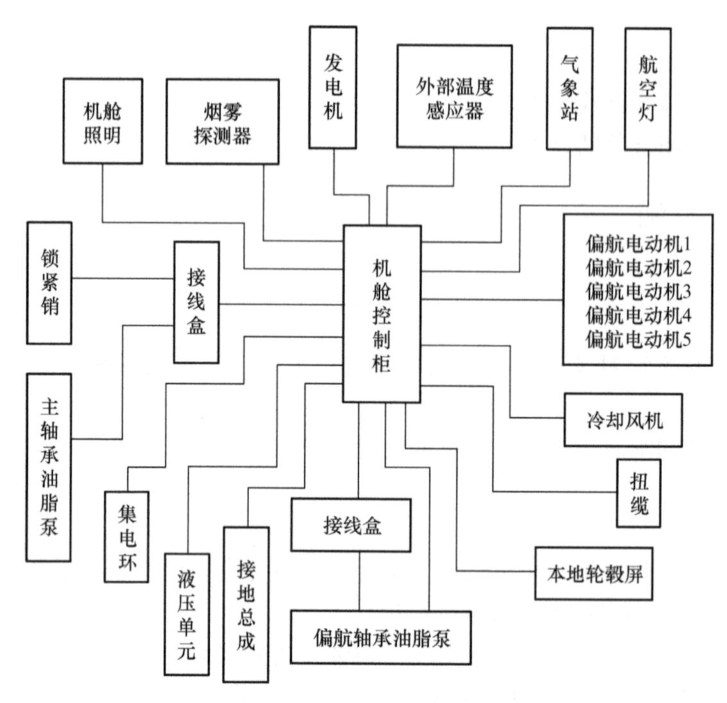

图 3-2-1　偏航系统电气结构拓扑图

悬垂部分的电缆不至于产生过度的纽绞而使电缆断裂、失效，在电缆达到设定缠绕值时能自动解除缠绕。

二、偏航系统电气安装准备

1. 机舱主要电气部件

风力发电机组偏航系统电气接线所需机舱主要电气部件见表 3-2-1。

表 3-2-1　机舱主要电气部件

序号	部件名称	型　　号	备　　注
1	PLC	倍福	
2	散热器		风扇降温
3	加热器		电阻发热
4	温度传感器	Pt100	
5	偏航电动机	2.2kW，400/230V	
6	润滑系统	标准配件	
7	照明系统	60W	荧光灯
8	烟雾传感器		光电感烟探测器
9	解缆传感器	WC12S02XEM	
10	风向标	DWC（20 VXV）	机械式风向标
11	风速计	DWC（INA－10A）	机械式风速仪

2. 常用工具

风力发电机组偏航系统电气接线所需主要工具见表3-2-2。

表3-2-2 主要工具清单

序号	名 称	数量	单位	备 注
1	尖嘴钳	1	把	
2	偏口钳	1	把	
3	电笔	1	根	
4	平口螺钉旋具	1	把	
5	十字螺钉旋具	1	把	
6	压线钳	1	把	0.5~2.5mm^2 的PIN头压线钳
7	剥线钳	1	把	
8	内六角套件	1	套	
9	绝缘胶带	若干	卷	消耗品
10	剪线钳	1	把	
11	剥线刀	1	把	
12	电烙铁	1	把	含配套工具
13	锯弓	1	把	
14	锯片	1	片	
15	卷尺	1	把	
16	小棘轮套件	1	套	
17	液压压线钳	各1	把	16mm^2、50mm^2、240mm^2
18	安全施工灯	1	盏	线长10m
19	插排	5	个	线长40m的4个，30m的1个
20	电缆	200	m	4×16mm^2
21	锉刀	4	把	平锉与三角锉各两把
22	万用表	2	个	
23	绝缘电阻表	1	个	1000V
24	电钻	1	把	
25	活动扳手	1	套	8~15in
26	星形扳手	1	套	
27	热缩管	若干	m	根据电缆选取

三、偏航系统电气安装要求

1. 控制柜装配要求

1）按清单领取相应的电气部件，各零部件必须完好，无碰伤、划痕等。

2）根据电路图将各电气部件固定在电器背板上；所有部件齐备、合格并与设备型号相符。

3）电器安装导轨应用螺钉牢固安装，使其不会因在使用过程中开关电器或者接触器长期动作而掉下。

4）线槽的安装应端正且与另外线槽相接处不应有太大缝隙。

5）除 $10mm^2$ 以下单股铜芯线能直接与电器设备直接连接，且必须连接牢固外，多股芯线或大于上述规格的单股芯线必须用相应规格的压线端子压紧，且用少许力量拉动使其不会掉下，再与电器部件牢固连接。

6）接线端头颜色应与导线颜色一致。

7）瓦片式接线片最多只能接 2 条线，接线端子只能压 1 条线。

8）所有电器设备导轨端头都应用终端固定件使其卡牢固定，不能左右移动。

9）所有线号的标注应完全与接线图要求相符。

10）接线端子必须完全导通且接触良好。

11）接地端子应牢固卡在安装导轨上，而且不能松动。

12）按接线图连接好所有电线，连接线应布置工整。

13）将背板固定在电控柜里面。根据电控柜面板图，安装相应的电器指示灯和开关按钮等。

14）贴标识牌（含设备标识、开关、指示灯、接地标识）。

15）所有连接导线应按照标准颜色选用：主电路用黑色，二次电路用红色，直流 24V 用蓝色。

16）加热管接线要求每条线的每个接头必须用压线耳压紧，且要求接触好，每条线须穿过黄纳管以绝缘，每条线不应靠得太近，最后将盖上的螺钉紧固。

2. 接外线要求

1）控制柜安装到设备上，并与设备基座可靠连接。

2）将设备上偏航电动机的信号线接入控制柜，各线路走线方式必须遵照横平竖直的原则，同时必须用扎带将其固定，保持整洁，不凌乱。电器设备与控制柜连接线应穿相应规格塑料绝缘软管。

3. 布线质量要求

1）扎线带间距 150 ~ 200mm 均布。

2）扎线带断口长度超过 1mm，并且位置不得朝向维护面。

3）电缆束圆，束紧，理直，排列整齐，横平竖直，不扭结、弯曲。

4）线束弯折半径大于本身线束半径的 4 倍。

4. 通电试机

1）检查控制柜相序是否正确，并点动各油泵开关，检查电动机的正反转，检查整机电流。

2）所有电机、门及控制柜必须可靠接地，且导通电阻不能太大。

3）控制柜安装完后应通电调试至正常，并检查整机电流，做记录。

4）按各项技术要求进行检验。

四、偏航系统的电气接线

1. 机舱电缆下线及制作

（1）电缆脱皮的质量要求

1）切割用力要均匀，不可损伤内部绝缘层。

2）芯线损伤率不得超过2%。

3）绝缘层剥开后，尽量避免脱离芯线（见图3-2-2）。

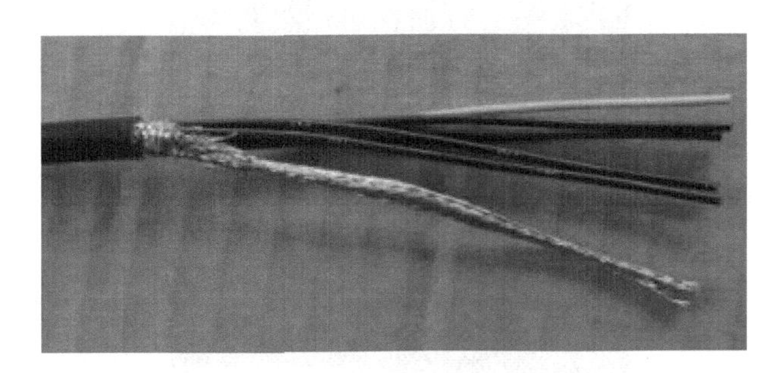

图3-2-2　剥线示意图

（2）热缩管包覆质量要求　热缩套管束紧但不能烧破。

（3）电缆标识质量要求　单芯线编号与标识套管一致；电缆标牌锁紧。

（4）端子压着质量要求　端子压着后，端子紧固不可拔出。

2. 液压站接线布线

1）拆开液压站的接线盒，将电缆穿入接线盒（接线端子不牢固造成液压泵不工作）。

2）在用扎线带将电缆标识牌扎于液压站各电缆外被上，再将液压站接线盒复原。液压站各电缆弯曲经机舱控制柜上方支架2布线（见图3-2-3）。

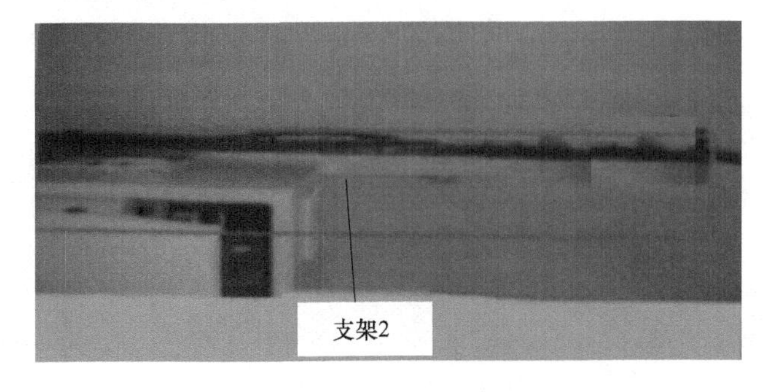

图3-2-3　液压站至机舱走线图

3）全程用扎线带将线材束紧。在此次操作中，电缆标识牌如未锁紧，会造成标识牌脱落、影响后序查线；扎线带若没束紧，会因振动和冲击使电缆磨损，降低电缆使用寿命，并

影响整体美观。各电缆如图3-2-4所示，弯曲后沿走线条5、支架3布线至机舱控制柜下，全程用扎线带将线材束紧。

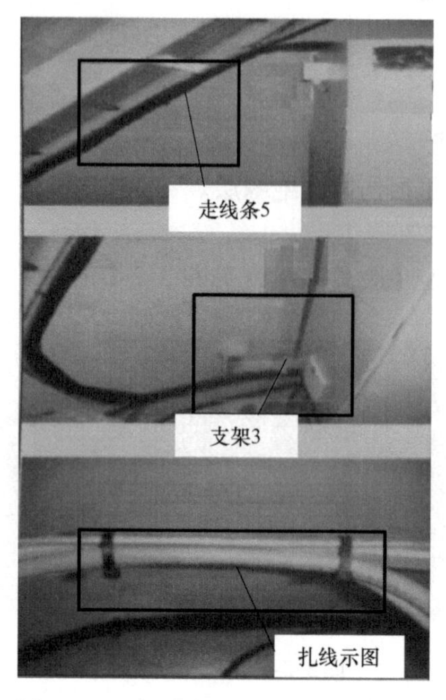

图3-2-4　液压站至机舱控制柜下走线

3. 油脂泵接线布线

1）拆开油脂泵的接线盒。

2）将需要接线的电缆放进接线盒，在此应注意，电缆标识牌（见图3-2-5）应锁紧，扎线带断口长度不得超过1mm。

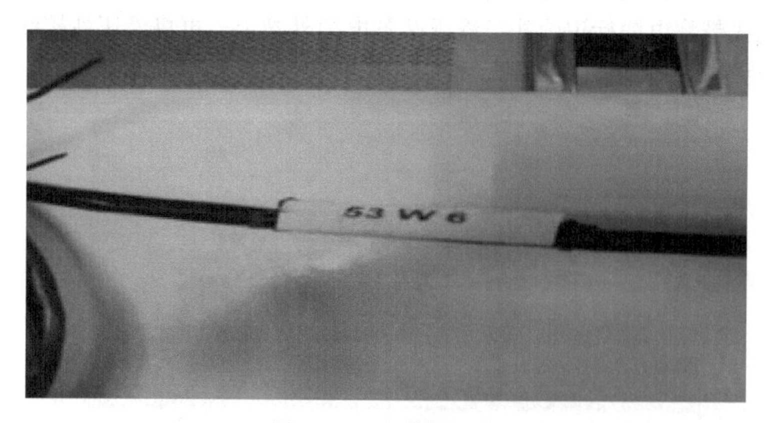

图3-2-5　电缆标识牌

3）由接线盒右侧出线水平至右手总成角钢（见图3-2-6），全程用扎线带将线材束紧。

4）由油脂泵出线水平至机舱控制柜（见图3-2-7），全程用扎线带将线材束紧。

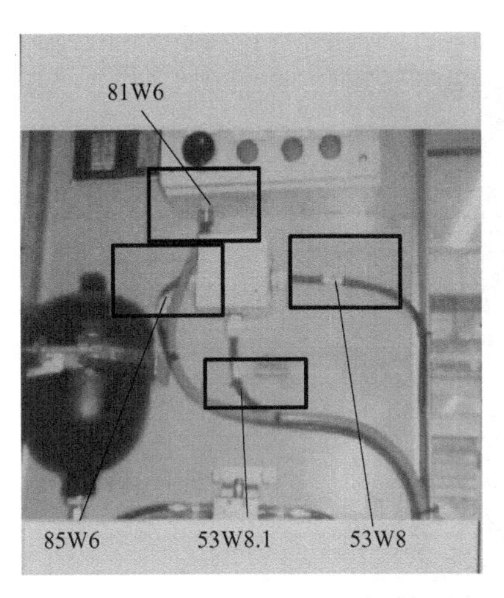

图 3-2-6　接线盒右侧出线

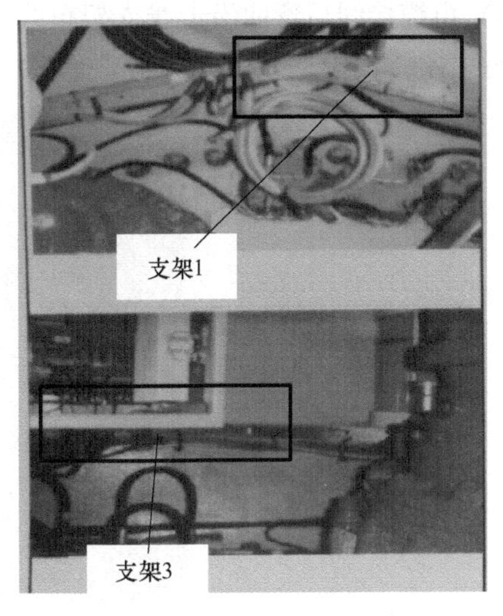

图 3-2-7　油脂泵至机舱控制柜走线

4. 偏航电动机接线

1）用电缆剥线钳根据线鼻子长度将绝缘层剥开。剥离电缆外被时，切割用力要均匀，不可损伤内部绝缘层。芯线损伤率不得超过 2%。绝缘层剥开后，尽量避免脱离芯线。编织层梳散、束圆，用热缩套管包覆绝缘，端口预留导体外露（见图 3-2-8）。

2）按单芯线电缆编号将电缆标识套管套入单芯线，用扎线带将电缆标识牌扎于电缆两端外被上，再将芯线绝缘层剥落。

3）拆开偏航电动机接线盒，偏航电动机按图 3-2-9 接线，完成之后将偏航电动机接线盒复原。

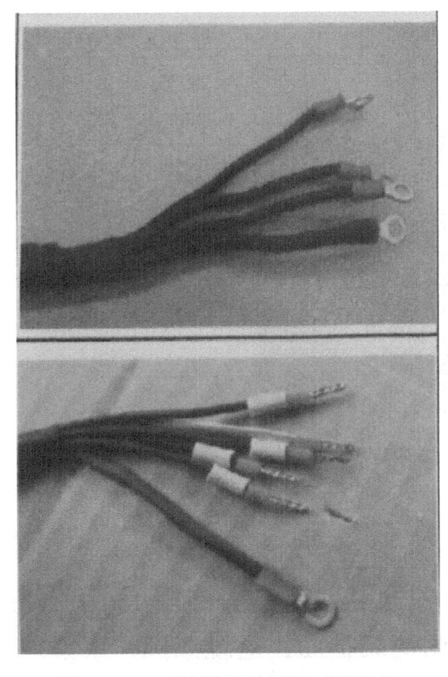

图 3-2-8　用热缩套管包覆绝缘

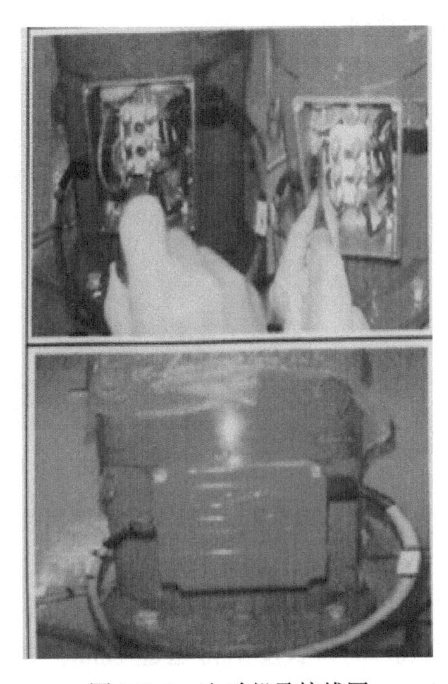

图 3-2-9　电动机及接线图

4）电缆接线后弯曲沿走线支架布线，至机舱控制柜下（见图3-2-10），全程用扎线带将线材束紧。

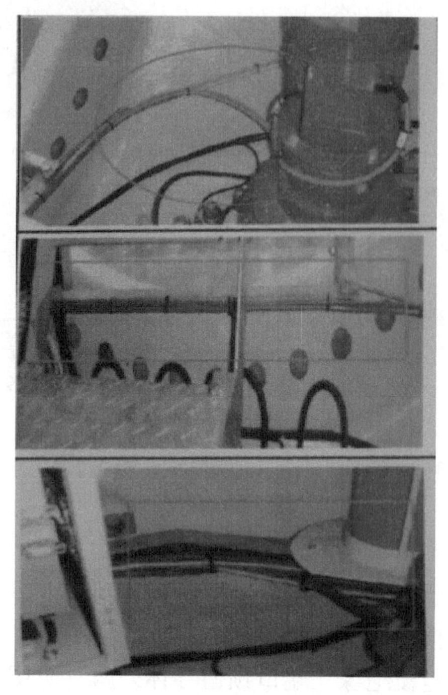

图3-2-10　偏航电动机走线

5. 通风系统接线

1）拆开冷却风机接线盒，用扎线带将电缆标识牌扎于电缆外被上。冷却风机按图3-2-11 Y型方式接线。

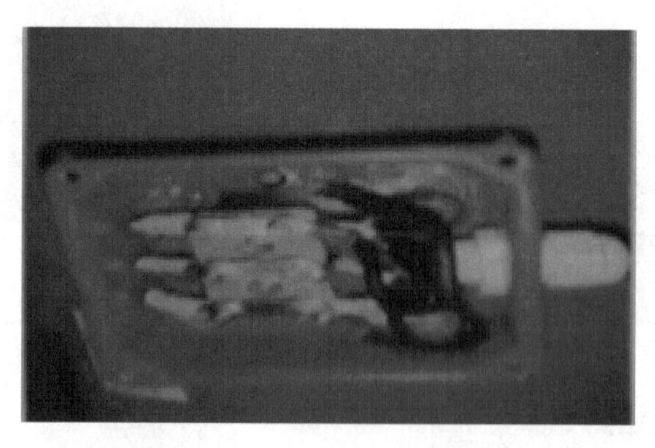

图3-2-11　冷却风机接线方式

2）完成上面步骤之后，将冷却风机接线盒复原。

3）沿走线条布线至机舱控制柜下方（见图3-2-12），全程用扎线带将线材束紧。在此操作中，电缆标识牌应锁紧；扎线带断口长度不得超过1mm；扎线带间距150～200mm均布；扎线带断口长度不得超过1mm，并且位置不得朝向维护面；电缆束圆，束紧，理直，排列整齐，横平竖直，不允许扭结、弯曲；线束弯折半径大于本身线束半径的4倍。

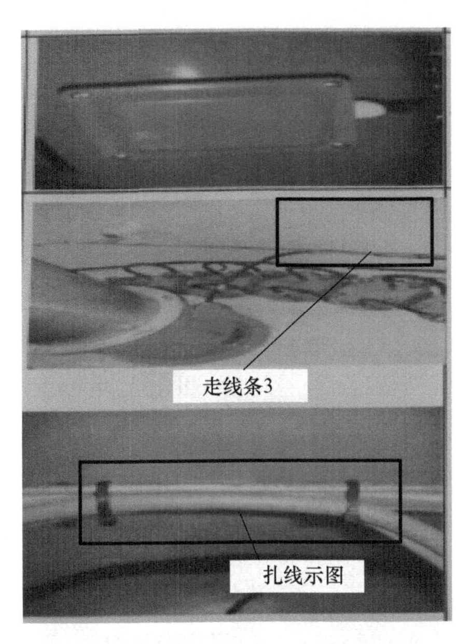

图 3-2-12　冷却风机走线

6. 照明接线布线

1）卸下烟雾探测器外罩，将烟雾探测器底座固定在木板上。

2）在木板背面孔对应照明灯底座中间的位置用手电钻钻接线孔。按图 3-2-13 接线，并用扎线带扎好，用扎线带将电缆标识牌扎于电缆两端外被上。

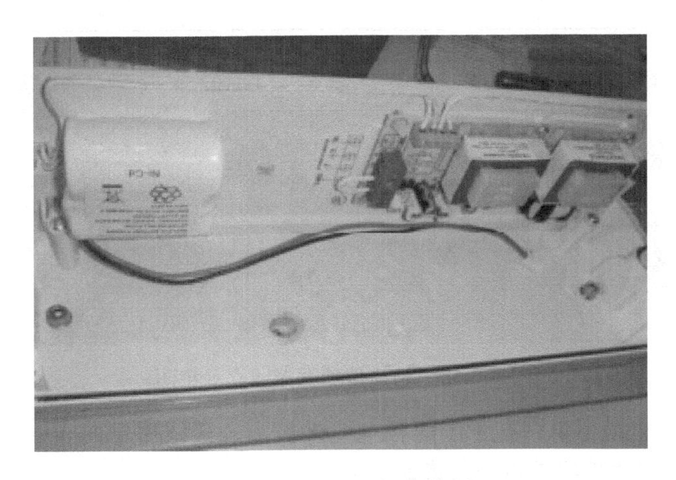

图 3-2-13　照明灯接线图

3）装好照明灯及烟雾探测器外罩。用扎线带将电缆束紧。电缆沿走线条 5 布线，再沿支架布线至机舱控制柜下方（见图 3-2-14），全程用扎线带将线材束紧。

7. 解缆传感器接线布线

1）拆开接线盒（见图 3-2-15），按表 3-2-3 接线。接好后，将接线盒复原。

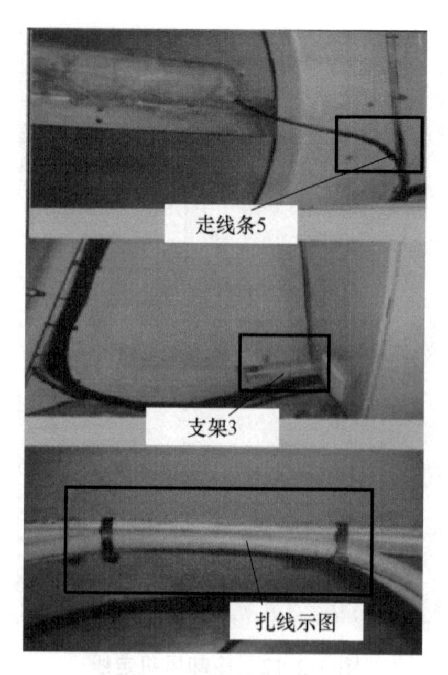

图 3-2-14　照明灯走线

表 3-2-3　解缆传感器接线表

线缆 1	1	2	3	4	
接线口	+V	0	S	PE	
线缆 2	1	2	3	4	5
接线口	L	R	+	L/R	PE

图 3-2-15　解缆传感器接线盒示意图

2）用扎线带将电缆标识牌扎于解缆各电缆外被上。接线后弯曲布线至机舱控制柜下方（见图 3-2-16），全程用扎线带将线材束紧。

8. 接地布线

1）发电机接地。发电机接地电缆一端接机舱接地排，用开口扳手拧紧。另一端盘成圆，用扎线带绑于机舱接地排上（见图 3-2-17），留待风场接线。扎线带断口长度不得超过 1mm，并且位置不得朝向维护面。

2）气象站接地。气象站接地电缆一端接机舱接地排，用开口扳手拧紧，另一端经支架

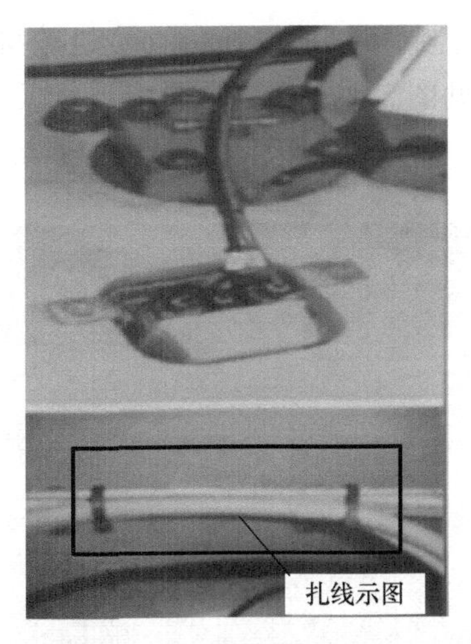

图 3-2-16　解缆传感器走线

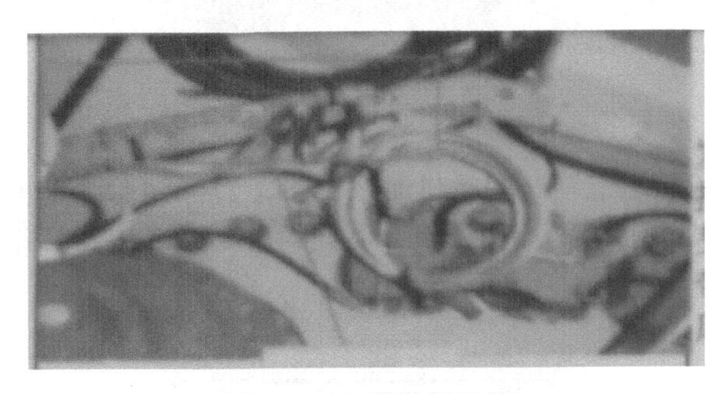

图 3-2-17　机舱接地排

1、3 及走线条 5 布线（见图 3-2-18），全程用扎线带将线材束紧。多余长度盘成圆，用扎线带绑于走线条上。

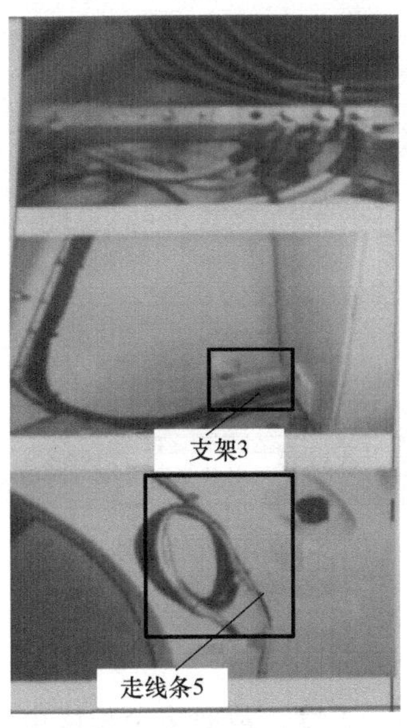

图 3-2-18　支架走线条

3）机舱控制柜接地。机舱控制柜接地电缆一端接机舱接线排，另一端经支架1、3布线至机舱控制柜内接地螺栓（见图3-2-19）。两端用开口扳手拧紧，全程用扎线带将线材束紧。

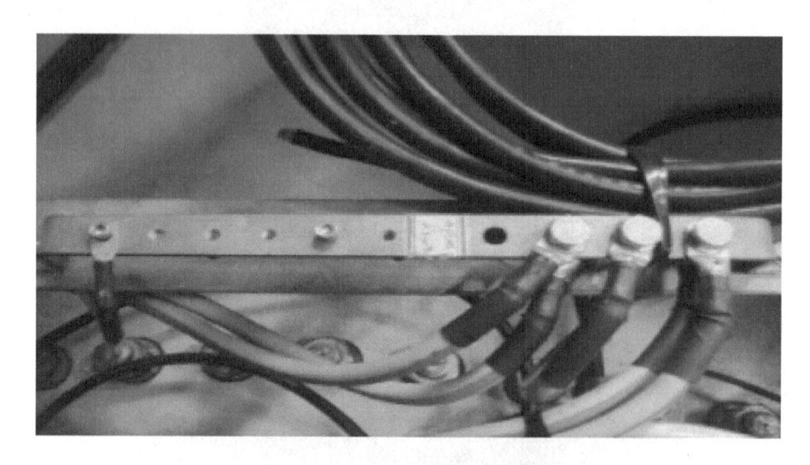

图3-2-19　机舱控制柜内接线

4）机舱接地。机舱接地电缆一端接机舱接线排，另一端经支架1、走线条2布线接于机舱接地螺栓（见图3-2-20）。两端用开口扳手拧紧，全程用扎线带将线材束紧。

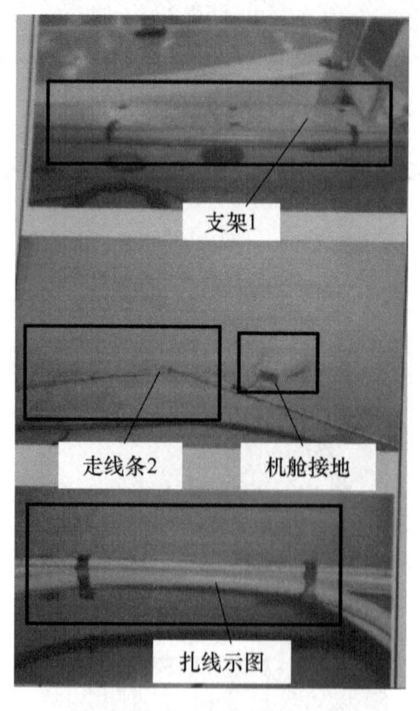

图3-2-20　机舱走线支架

9. 机舱控制柜接线

1）预估电缆接机舱控制柜所需长度，裁剪多余长度电缆。裁剪后，电缆长度应留有余量接机舱控制柜端子。

2）用剥线钳剥掉电缆外被。用剪刀沿剥皮口剪掉电缆填充物，但芯线绝缘层不得破损（见图 3-2-21）。

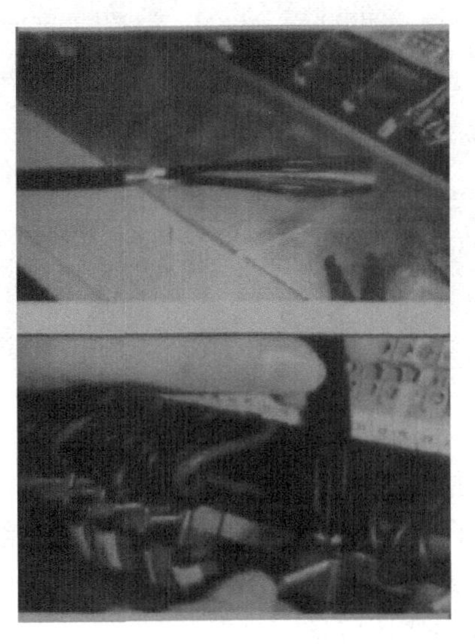

图 3-2-21　剥线

3）将电缆用金属固定夹固定在控制柜内接地排上，安装螺钉拧紧。用剥线钳剥掉单芯线外皮（见图 3-2-22），芯线破损率不得超过 2%。

4）单芯线出端子排弯折半径 20mm，裁剪多余长度单芯线。将芯线绝缘层剥落，将 2.5mm^2 一字端子套入芯线上，用一字端子压线钳压紧（见图 3-2-23），自检回拉力不小于 80N/mm^2，再用扎线带将电缆标识牌扎于电缆外被上。机舱控制柜接线示意图如图 3-2-24 所示。

图 3-2-22　接线

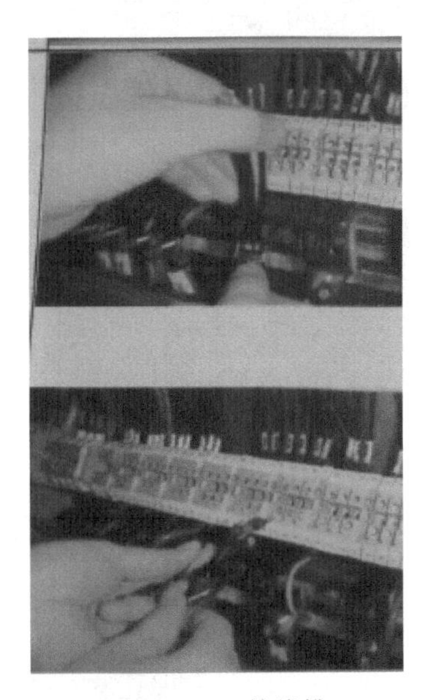

图 3-2-23　接线排

10. 气象站布线

1）以机舱控制柜所接端子为起点，沿支架 3 弯曲后布线至支架 2，用扎线带束紧于支

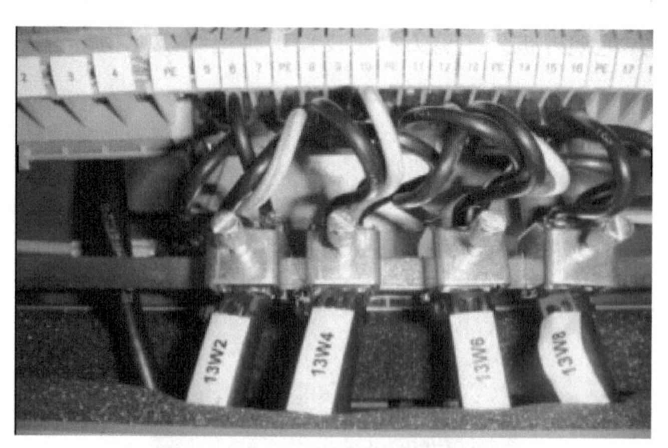

图 3-2-24　机舱控制柜接线示意图

架上（见图 3-2-25），全程用扎线带将线材束紧。

2）以机舱控制柜所接端子为起点，沿支架 5 经走线条布线（见图 3-2-26）。多余长度盘成圆，用扎线带束好，绑于走线条上（见图 3-2-27）。全程用扎线带将线材束紧。线尾处必须把线剪齐，防止调试过程中烧坏熔丝。

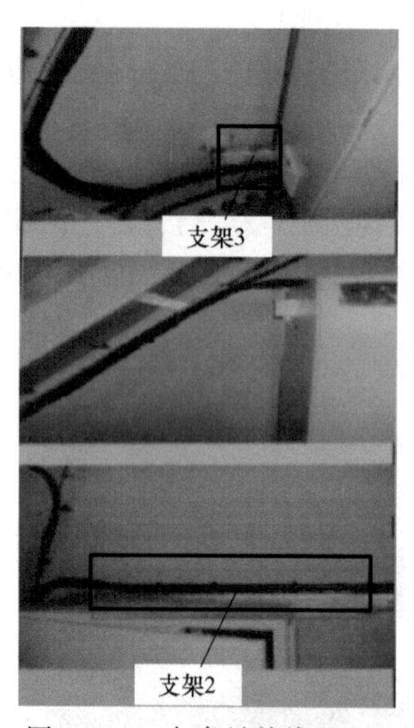

图 3-2-25　气象站接线（一）

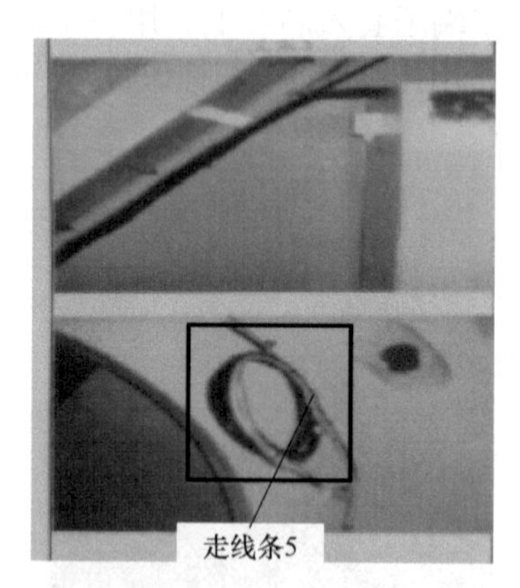

图 3-2-26　气象站接线（二）

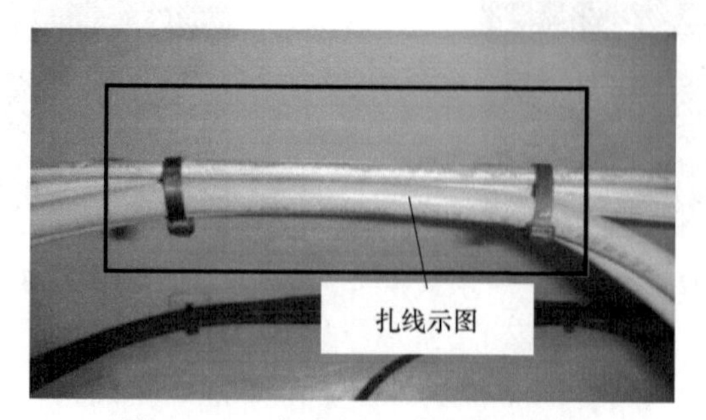

图 3-2-27　气象站电缆扎线示意图

五、偏航系统电气接线检测

1. 电缆检测

1）目测绝缘层有无损坏。
2）目测热缩管有没有锁紧，有无烧坏。
3）自检标识号。
4）线号标注时，当线号数字沿电线轴向书写时，个位数应远离端子。
5）扎线带断口不超过 1mm。
6）芯线在端子窥口处可见。
7）首末件送检，其余件检验员采取目测的方式进行自检。

2. 液压站电气检测

1）自检标识号，目测。
2）自检断口长度，目测。
3）扎带间距抽检率为 20%。
4）自检断口长度，目测。

3. 油脂泵电气检测

1）自检标识号。
2）接线完成后自检。

4. 偏航电动机电气检测

1）自检电动机相位有无接错。
2）目测布线是否整齐美观。

5. 通风系统电气检测

1）自检标识号，目测。
2）自检断口长度，目测。

6. 照明电气检测

1）自检标识号，目测。
2）自检断口长度，目测。

7. 解缆传感器电气检测

1）自检标识号，目测。
2）自检断口长度，目测。

8. 接地线电气检测

1）自检标识号，目测。

2）自检断口长度，目测。

9. 机舱控制柜电气检测

1）自检标识号，目测。
2）自检断口长度，目测。

10. 气象站电气检测

1）自检标识号，目测。
2）自检断口长度，目测。

❖ 任务实训

一、实训目的

1）理解直驱风力发电机组机舱电气结构。
2）理解直驱风力发电机组机舱内部电气部件组成。
3）掌握直驱风力发电机组机舱电气装配过程。
4）掌握直驱风力发电机组机舱电气装配工艺。
5）理解直驱风力发电机组机舱电气部件工作原理。

二、实训内容

1）依据端子接线图及提供的器件、工具，完成控制柜与 2 个偏航电动机的连接。
2）依据端子接线图及提供的器件、工具，完成控制柜与 2 个定位开关的连接。
3）依据端子接线图及提供的器件、工具，完成控制柜与旋转电动机的连接。

三、实训器材

风力发电机组安装与调试设备偏航系统电气接线所需实训器材见表 3-2-4。

表 3-2-4　偏航系统电气接线所需实训器材

序　号	名　称	数　量	单　位	型号与规格
1	偏航电动机	2	台	标准设备
2	旋转电动机	1	个	标准设备
3	定位开关	2	个	标准设备
4	电工工具	1	套	标准配件
5	数字万用表	1	台	标准配件
6	线号	1	套	标准配件
7	记录纸	5	张	A4
8	文具	1	套	
9	安全帽	3	个	标准设备
10	安全鞋	3	双	标准设备

四、实训步骤

1. 线路连接

1）连接电气部件前，必须先切断系统电源。

2）依据提供的模拟风机电气线路图样，完成偏航电动机 1、偏航电动机 2、偏航定位开关 A、偏航定位开关 B 及 2 个光纤放大器电源共 12 根线的接线。

3）依据端子接线图样及提供的器件、工具，完成控制柜与 2 个光纤放大器的连接。

2. 检查线路

1）依据提供的端子接线图检查线号标注。

2）使用万用表检查电气部件连接线路，验证接线准确、完好。

3）电气接线短路测试。接线全部检查完毕后，在没有通电的情况下进行短路检查，将万用表拨至电阻档，分别检测所有接了电源 + 的端子和电源之间有没有存在电阻，如果存在电阻，就说明存在短路，须排除故障才能进行下一步。如果确认后没有问题，则可继续进行下一步。

4）电气接线电压测试。通电但不接元器件。将万用表拨至直流电压档，对所有接了 24V 电源 + 和电源 - 的端子进行检查，结果都应为 24V 直流电压。然后对所有接了 5V 电源 + 和电源 - 的端子进行检查，结果都应为 5V 直流电压。

3. 整理检测

1）整理线路，检验接线牢固。

2）系统上电，闭合总断路器。

❖ 任务提升与总结

1. 任务提升

1）通过本任务的学习及查阅相关技术资料，说明直驱风力发电机组偏航系统的电气结构及工作原理。

2）通过本任务的学习及查阅相关技术资料，说明偏航系统中的解缆传感器的结构及工作原理。

2. 任务总结

1）根据给定的资料，学生按小组分工撰写直驱风力发电机组偏航系统电气接线的实施方案（报告书）。每一小组选派一人进行汇报。

2）小组讨论，自我评述风力发电机组安装与调试设备偏航系统接线的完成情况及实施过程中遇到的问题，小组共同给出改进方案和提升效率的建议。

附录　直驱永磁风力发电机组的有关定义及要求

1. 直驱永磁风力发电机组术语和定义

根据国家标准《直驱永磁风力发电机组　第1部分：技术条件》（GB/T 31518.1—2015）的规定，定义如下直驱永磁风力发电机组专业术语。

1）直驱（direct - drive）：风轮与发电机直接耦合的传动方式。

2）直驱永磁风力发电机组（direct - drive permanent magnet type wind turbine generator system）：采用永磁发电机且风轮与永磁发电机耦合的风力发电机组。

3）全功率变流器（full power converter）：容量按大于风力发电机容量选取的静止型交直交变流器，其功能是将发电机发出的幅度和频率变化的交流电变换成满足电网要求的交流电。

4）运行转速范围（operating speed range）：机组发电安全运行的最小运行转速 n_{min} 至最大运行转速 n_{max} 的区间。

5）最大运行转速（maximum operating speed）n_{max}：风机正常运行发电时，发电机转子允许达到的最大转速。

6）最小运行转速（minimum operating speed）：风机正常运行发电时，发电机能够发电的最低转速。

7）标准型机组（standard wind turbine）：按照标准空气密度 1.225kg/m^3、海拔 2000m 以下，运行环境温度范围在 -20 ~ +40℃，生存环境温度范围在 -30 ~ +50℃等一般环境条件下设计的风力发电机组。

8）常温型机组（normal temperature type wind turbine）：设计运行环境温度范围在 -20 ~ +40℃，生存环境温度范围在 -30 ~ +50℃的风力发电机组。

9）低温型机组（low temperature type wind turbine）：设计运行环境温度范围在 -40 ~ +40℃，生存环境温度范围在 -40 ~ +50℃，-45 ~ +50℃（带电）的风力发电机组。

10）高海拔型机组（high altitude type wind turbine）：为海拔大于或等于 2000m，小于 3500m 设计的风力发电机组。

2. 直驱永磁风力发电机组的整机要求

1）直驱永磁风力发电机组的基本结构特征为：多极永磁同步发电机与风轮直接耦合驱动低转速运行，将输出通过全功率变流器接入电网。

机组的工作原理如图 A-1 所示。

2）机组应具备振动开关保护功能，振动阈值应由设计给出，该阈值应保证机组安全运行。

3）机组设计工况下的最佳风能利用功率系数 C_{pmax} 应等于或大于 0.45。

注：C_{pmax} 为风轮从风中获取能量的最大利用系数。

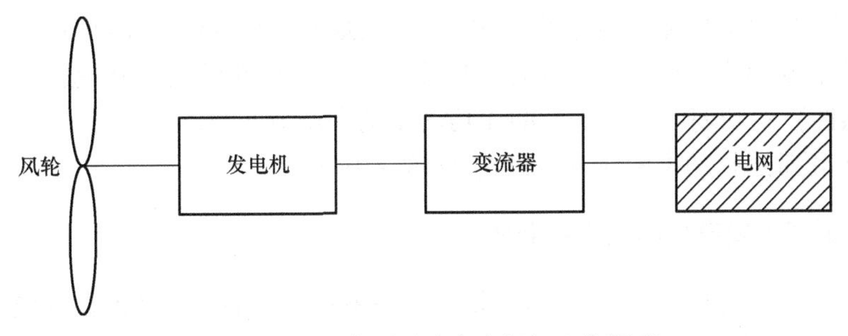

图 A-1　直驱永磁风力发电机组工作原理

4）机组正常运行期间的可利用率应大于或等于95%。可利用率计算方法参见式(A-1)：

$$可利用率(\%)=\frac{(T_t-T_p)-T_{cm}}{(T_t-T_p)}\times 100\% \tag{A-1}$$

式中，T_t 为考核期间的总小时数；T_{cm}为因维护或故障情况导致风力发电机组不能运转的小时数；T_p为因外部环境条件原因导致不能执行规定功能的情况的小时数，不作为故障处理。

5）机组无最低抗地震等级要求，但对于有地震影响区域，设计时需考虑地震附加载荷。

6）防雷设计需符合 GB/Z 25427—2010 的相关规定和要求。

7）机组的接地电阻≤4Ω。

3. 直驱永磁风力发电机组的并网特性

1）机组优先采用以下推荐电压（单位为 kV）系列接入电网：

0.38(0.4)、0.60(0.62)、0.66(0.69)、1(1.05)、1.14(1.2)、2.3(2.4)、3(3.15)、6(6.3)、10(10.5)

超出本优选系列，由制造商与用户协商确定。

2）机组应具备低电压穿越能力，应符合 GB/T 19963—2011 的要求。穿越特性参照图 A-2，其中纵轴代表系统电压跌落情况，横轴代表机组并网持续时间，阴影部分代表机组能够保持和电网连接持续运行的区域。

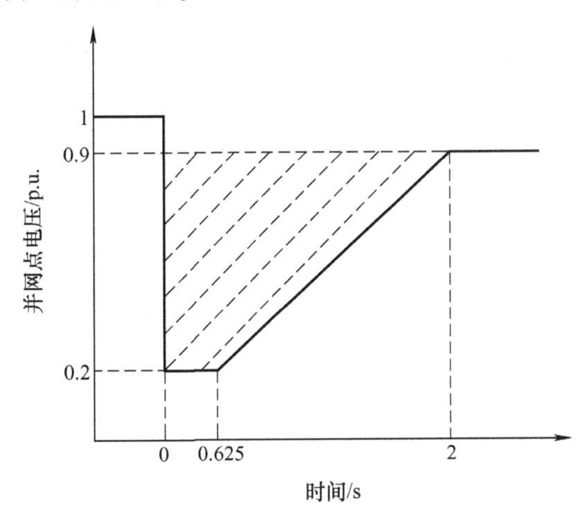

图 A-2　低电压穿越特性

3）机组馈入电网的电流谐波应低于5%，应满足GB/T 14549—1993的相关规定。

4）在额定有功出力范围内，且在标称电压下，机组应能够具备在超前0.95（容性）~滞后0.95（感性）的功率因数范围内的无功功率动态调节能力。

5）机组可正常运行的电网频率范围为47.5~50.5Hz。

4. 直驱永磁风力发电机组的性能要求

1）机组的起动风速应不大于4m/s，切出风速不小于18m/s。机组在额定工况时，其输出的功率应不小于设计的额定功率。额定风速以上时要求目标功率与实测功率偏差不超过3%。

2）机组在寿命期内应能承受的起动次数不少于40000次。

3）机组应允许在1.1倍额定转速以内波动，为保证整机及零部件安全，需要定义允许持续超过1.1倍额定转速的最长时间，需要为机组定义软件停机最大转速、安全保护系统停机最大转速。

4）机组运行时产生的噪声不应造成环境的影响，在安装点500m以外等效声功率级应不高于60dB(A)。

5）机组设计寿命大于或等于20年。

6）机组在正常运行条件下应满足以下要求：

① 机舱振动加速度≤0.12g（g为重力加速度）；

② 电机振动加速度≤0.3g。

5. 直驱永磁风力发电机组的环境条件

（1）一般环境条件

1）常温型机组正常运行的环境温度范围为-20~+40℃，生存环境温度范围为-30~+50℃。

2）低温型机组正常运行的环境温度范围为-40~+40℃，生存环境温度范围为-40~+50℃，-45~+50℃（带电）。

3）机组耐受的湿度条件应不低于100%，在凝露条件下允许延时起动。

4）标准型机组海拔不高于2000m，高海拔型机组海拔不低于2000m，不高于3500m。

（2）其他环境条件　除风况之外，机组的设计应考虑下列环境条件对机组的安全性和完整性的影响：

1）阳光辐射。

2）雨、冰雹、雪和冰。

3）化学活性物质。

4）风沙。

5）外物损伤。

6）雷电。

7）地震。

8）盐雾。

9）台风。

10）潮水位。

11）高海拔。

（3）电网条件　机组应保证在下列电网条件下正常运行：

1）当机组并网点的供电电压偏差满足 GB/T 12325—2008、闪变值满足 GB/T 12326—2008、谐波值满足 GB/T 14549—1993、三相电压不平衡度满足 GB/T 15543—2008，频率偏差满足 GB/T 15945—2008 的规定时。

2）当机组并网点的电压偏差不超过 ±10% 时。

电网每年停电不超过 20 次，最长停电持续时间不超过一周。

6. 直驱永磁风力发电机组的装配要求

（1）一般要求

1）装配所用的零部件（包括外购件、标准件、外协件）均应有产品合格证，并经质量检验部门检验合格后，方可进行装配。

2）装配前应将零件的尖角和锐边倒钝，特殊要求除外。

3）装配前应按照产品说明书的要求对零部件进行必要的保养与清理。零部件的润滑处，装配后必须加注适量的润滑油（或脂）。

4）机组总装应符合 GB/T 19568—2017 中第 4 章的要求。

5）装配过程中应注意对零部件表面进行有效防护，不允许磕碰、划伤和锈蚀。

6）风力发电机组的装配应完整，符合工艺要求；联接部位应牢固可靠；铭牌、标志齐全，外观整洁。

（2）装配联接方法

1）各零部件的装配联接应严格按照产品的工艺文件和技术要求执行。

2）螺栓联接、销联接、键联接、铆钉联接、粘接、过盈联接的一般要求可参考国家标准 GB/T 31518. 1—2015 的附录 A。

（3）主要部件装配要求

1）轴承外圈和滚子装配过程中加入 100% 的润滑脂，空腔加入 50% 的润滑脂，轴承和轴承孔的表面都要涂一层润滑脂以防止或减少腐蚀。

2）转子的永磁磁钢与定子铁心的气隙宜≥4mm。

3）偏航轴承与偏航驱动采用齿轮啮合传动的，齿轮副装配后应检查齿侧间隙和齿面接触斑点，应符合设计或工艺文件要求。对于圆柱齿轮，要求沿齿高方向接触斑点应不小于 20%，沿齿长方向应不小于 30%。接触斑点的分布位置应趋近于齿面中部，齿顶和齿端棱边不允许有接触，两减速器齿的间隙在同一方向时，齿间隙为 0. 3 ~0. 6mm。

4）液压缸、密封件、润滑系统和管路配装后应进行密封及动作试验，并满足如下要求：

① 行程符合要求。

② 运行平稳，无卡阻和爬行现象。

③ 无外部渗漏现象，内部渗漏应符合产品技术要求。

5）摩擦片与制动盘的工作表面应干燥、清洁，要求制动可靠无任何卡阻现象。

（4）电气接线要求

1）电气接线所采用的配线电缆、母线铜排、线缆端头等材料应为经过国家电工产品强制性安全认证的产品。接线应按照相关工艺文件和规程执行。

2）布线整齐、合理，排布形式有利于减少电磁干扰。

3）柜内每根连线两端应标识线号（接地线除外，接地线应选用黄绿双色线），线缆接头应使用合适的专业压接工具压接，线号管符合线径且长度整齐，线号字迹清晰，与图样文件一致。

4）接线端子、插接头、延伸铜排及联接螺栓应保证元器件安装强度和可靠性，应能适应最大2.5g的振动冲击（至少60min）而不损坏。

5）电网进线侧应安装绝缘防护罩，电压等级高于24V以上的元器件，均应有明显的防触电标示。

6）电气装置应可靠接地。不同电压等级回路中元器件不能串联接地，应单独联接至接地排。机组内有接地点并预留接线端子；接地装置的选择应符合《低压电气装置　第5－54部分：电气设备的选择和安装　接地装置和保护导体》（GB/T 16895.3—2017）的有关内容和规定。

（5）螺栓、螺钉的联接

1）螺栓、螺钉和螺母紧固时，严禁打击或使用不合适的旋具和扳手。紧固后的螺钉槽、螺母和螺钉、螺栓头部不得损坏。

2）有规定拧紧力矩要求的紧固件，必须采用扭力扳手，并按规定的拧紧力矩紧固；未规定拧紧力矩的紧固件，其拧紧力矩可参见表A-1。

表A-1　一般联接螺栓的拧紧力矩

螺栓性能等级	螺栓公称直径/mm										
	6	8	10	12	16	20	24	30	36	42	48
	拧紧力矩/N·m										
5.6	3.3	8.5	16.5	28.7	70	136.3	235	472	822	1319	1991
8.8	7	18	35	61	149	290	500	1004	1749	2806	4236
10.9	9.9	24.4	49.4	86	210	409	705	1416	2466	3957	5973
12.9	11.8	30.4	59.2	103	252	490	845	1697	2956	4742	7159

注：1. 适用于粗牙螺栓、螺钉。
2. 拧紧力矩允许偏差为±5%。
3. 预载荷按材料屈服强度的70%取。
4. 摩擦系数为μ=0.125。
5. 所给数值为使用润滑剂的螺栓的拧紧力矩，对于无润滑剂的螺栓的拧紧力矩应为表中值的133%。

3）同一零件用多件螺钉（螺栓）紧固时，各螺钉（螺栓）需交叉、对称、逐步、均匀、拧紧。如有定位销，应从靠近该销的螺钉（螺栓）开始。

4）螺钉、螺栓和螺母拧紧后，其支撑面应与被紧固零件贴合。

5）螺母拧紧后，螺栓、螺钉头部应露出螺母端面2～3个螺距。

6）沉头螺钉紧固后，沉头不得高出沉孔端面。

7）严格按照图样及技术文件上规定等级的紧固件装配，不允许用低性能紧固件替代高性能紧固件。

（6）热装过盈联接

1）热装过盈联接宜采用感应加热的方法。

2）热装零件的加热温度根据零件材质、结合直径、过盈量及热装的最小间隙等确定。热装时包容件的加热温度可按式(A-2）计算：

$$t_n = e_{ot}(\alpha d_f) + t = (\Delta_1 + \Delta_2)/(\alpha d_f) + t \tag{A-2}$$

式中，t_n 为包容件加热温度（℃）；e_{ot}为包容件内径的热胀量（mm），等于过盈量 Δ_1 与热装时的最小间隙 Δ_2 之和；α 为材料的线膨胀系数（10^{-6}/℃），参见表 A-2；d_f 为结合直径(mm)；t 为环境温度（℃）。

表 A-2　材料的弹性模量、泊松系数和线膨胀系数

材　料	弹性模量 E/(kN/mm²)	泊松系数 γ	线膨胀系数 α/(10^{-6}/℃)
			加热
碳钢、低合金钢、合金结构钢	200～235	0.30～0.31	11
灰口铸铁 HT150、HT200	70～80	0.24～0.25	11
灰口铸铁 HT250、HT300	105～130	0.24～0.26	10
可锻铸铁	90～100	0.25	
非合金球墨铸铁	160～180	0.28～0.29	
青铜	85	0.35	17
黄铜	80	0.36～0.37	18
铝合金	69	0.32～0.36	21
镁铝合金	40	0.25～0.30	25.5

3）热装时所需的最小间隙 Δ_2 按表 A-3 选取。

4）加热和保温时间，一般按每厚 10mm 需要 10min 的加热时间，每厚 40mm 需要 10min 的保温时间确定。

表 A-3　热装最小间隙选用表　　（单位：mm）

结合直径 d	>80～100	>100～120	>120～150	>150～180	>180～220	>220～260	>260～310	>310～360	>360～440	>440～500	>500～560
装配间隙 Δ_2	0.1	0.12	0.20	0.25	0.30	0.38	0.46	0.54	0.66	0.75	0.84
结合直径 d	>560～630	>630～710	>710～800	>800～900	>900～1000	>1000～1120	>1120～1250	>1250～1400	>1400～1600	>1600～1800	>1800～2000
装配间隙 Δ_2	0.94	1.10	1.20	1.40	1.60	1.80	2.00	2.20	2.60	2.90	3.20

参 考 文 献

[1] 卢为平，卢卫萍．风力发电机组装配与调试［M］．北京：化学工业出版社，2011.
[2] 姚兴佳，宋俊，等．风力发电机组原理与应用［M］．3 版．北京：机械工业出版社，2016.
[3] 王承煦，张源．风力发电［M］．北京：中国电力出版社，2003.
[4] 叶杭冶．风力发电机组的控制技术［M］．3 版．北京：机械工业出版社，2015.
[5] 任清晨．风力发电机组生产及加工工艺［M］．北京：机械工业出版社，2010.
[6] 杨静东．风力发电工程施工与验收［M］．2 版．北京：中国水利水电出版社，2013.
[7] 王海云，王维庆，朱新湘，等．风力发电基础［M］．重庆：重庆大学出版社，2010.
[8] 何显富，卢霞，杨跃进，等．风力机设计、制造与运行［M］．北京：化学工业出版社，2009.
[9] 宫靖远，等．风电场工程技术手册［M］．北京：机械工业出版社，2004.
[10] 中华人民共和国国家质量监督检验检疫总局，中国国家标准化管理委员会．直驱永磁风力发电机组 第 1 部分：技术条件：GB/T 31518.1—2015［S］．北京：中国标准出版社，2015.
[11] 中华人民共和国国家质量监督检验检疫总局，中国国家标准化管理委员会．风力发电机组装配和安装规范：GB/T 19568—2017［S］．北京：中国标准出版社，2017.
[12] 中华人民共和国国家质量监督检验检疫总局，中国国家标准化管理委员会．风力发电机组安装及验收规定：GB/T 20319—2017［S］．北京：中国标准出版社，2017.